新工人三级安全教育丛书

建筑施工企业新工人
三级安全教育读本

主　编　黄代高

中国劳动社会保障出版社

图书在版编目（CIP）数据

建筑施工企业新工人三级安全教育读本/黄代高主编. —北京：中国劳动社会保障出版社，2015
（新工人三级安全教育丛书）
ISBN 978 - 7 - 5167 - 1858 - 2

Ⅰ.①建…　Ⅱ.①黄…　Ⅲ.①建筑工程-工程施工-安全生产-安全教育　Ⅳ.①TU714

中国版本图书馆 CIP 数据核字（2015）第 092114 号

中国劳动社会保障出版社出版发行

（北京市惠新东街 1 号　邮政编码：100029）

*

北京金明盛印刷有限公司印刷装订　　新华书店经销

880 毫米×1230 毫米　32 开本　5 印张　131 千字

2015 年 5 月第 1 版　　2015 年 5 月第 1 次印刷

定价：20.00 元

读者服务部电话：（010）64929211/64921644/84643933

发行部电话：（010）64961894

出版社网址：http://www.class.com.cn

内 容 简 介

　　本书针对建筑施工企业工人安全培训的要求，从施工安全生产的实际出发，结合相关安全生产技术规范介绍了安全生产法律法规与安全生产常识、个人劳动防护用品使用常识、建筑施工现场临时用电安全常识、高处作业安全常识、施工现场消防安全常识、建筑施工常见作业工种安全常识和施工现场事故应急常识。

　　本书叙述简明扼要，内容通俗易懂，条理清楚明白，配有事故案例。本书可作为建筑施工企业工人安全生产培训教材，也可供建筑施工企业从事安全生产工作的有关人员和有关职业院校学生学习参考、使用。

前　　言

　　《中华人民共和国安全生产法》（中华人民共和国主席令第十三号）规定："生产经营单位应当对从业人员进行安全生产教育和培训，保证从业人员具备必要的安全生产知识，熟悉有关的安全生产规章制度和安全操作规程，掌握本岗位的安全操作技能，了解事故应急处理措施，知悉自身在安全生产方面的权利和义务。未经安全生产教育和培训合格的从业人员，不得上岗作业"。

　　《生产经营单位安全培训规定》（国家安全生产监督管理总局令第3号）规定："煤矿、非煤矿山、危险化学品、烟花爆竹等生产经营单位必须对新上岗的临时工、合同工、劳务工、轮换工、协议工等进行强制性安全培训，保证其具备本岗位安全操作、自救互救以及应急处置所需的知识和技能后，方能安排上岗作业。""加工、制造业等生产单位的其他从业人员，在上岗前必须经过厂（矿）、车间（工段、区、队）、班组三级安全培训教育。"企业对新入厂的工人进行三级安全教育，既是依照法律履行企业的权利与义务，同时也是企业实现可持续发展的重要措施。

　　不同行业的企业生产特点各不相同，存在的危险因素也大相径庭，要求工人掌握的安全生产技能和要求也有根本的区别，很难通过一本书来面面俱到地涉及不同行业需要的不同内容。"新工人三级安全教育丛书"按行业分类，更加深入、细致、全面地讲述相应行业的生产特点和技术要求，以及本行业作业人员可能遇到的典型的危险因素，可有助于工人快速地掌握本行业的安全生产知识，更贴近企业三级安全教育的要求，利于不同行业的企业进行新工人培训时使用，使新工人在学习了相关内容之后能够顺利地走上工作岗位，并对其今后正确处理工作中遇到的安全生产问题具有指导意义。

　　"新工人三级安全教育丛书"在2008年推出第一版后,受到了广大企业用户的欢迎和好评,纷纷将与企业生产方向相近的图书品种作为新工人三级安全教育的教材和学习用书,取得了很好的效果。2009年以来,我国安全生产相关的法律法规进行了一系列修改,尤其是2014年12月1日开始实施的新修改《安全生产法》,对用人单位对从业人员的安全生产培训教育提出了更高的要求。为了能够给各行业企业提供一套适应时代发展要求的图书,我社对原图书品种进行了改版,并增加了建筑施工企业、道路交通运输企业两个行业的品种。新出版的丛书是在认真总结和研究企业新工人三级安全教育工作的基础上开发的,并在书后附了用于新工人三级安全教育的试题以及参考答案,将更加具有针对性,是企业用于新工人三级安全教育的理想图书。

目　　录

第一章　建筑业与建筑施工安全

第一节　建筑业与建筑施工

一、我国建筑业的发展

建筑业是国民经济的重要物质生产部门，它与整个国家经济的发展、人民生活的改善有着密切的关系。

进入新世纪以来，我国宏观经济步入新一轮景气周期，与建筑业密切相关的全社会固定资产投资总额增速持续在高位运行，导致建筑业总产值及利润总额增速也在高位波动。

2011 年，我国建筑业实现总产值 11.8 万亿元，同比增长 22.6%；实现增加值 3.2 万亿元，同比增长 10%，占国内生产总值的 6.78%。2012 年，我国建筑安装工程累计完成固定资产投资 236 439.72 亿元，同比增长 22.10%；建筑业完成固定资产投资 4 305.6 亿元，同比增长 24.56%；建筑业全年完成总产值 13.53 万亿元，较 2011 年增长 16.2%；2013 年，我国建筑业总产值为 15.9 万亿元，同比增长 16.1%。

未来 50 年，中国城市化率将提高到 76% 以上，城市对整个国民经济的贡献率将达到 95% 以上。都市圈、城市群、城市带和中心城市的发展预示了中国城市化进程的高速起飞，也预示了建筑业更广阔的市场即将到来。

二、建筑施工

美国和其他一些西方国家，把建筑业与钢铁工业、汽车工业并列为国民经济的三大支柱。在我国，建筑业也属于国民经济发展的支柱行业，建筑业的发展带动了建材、化工、能源、电力、交通等多行业的发展，提供了大量的就业机会，给人民提供了各种舒适的住宿、娱乐空间，对国民经济的发展和人民生产水平的改善做出重要贡献。邓小平同志早在 1980 年就明确指出建筑生产可以创造价值，因此，建筑生产被认为是一种物质生产活动。

建筑施工是工程建设实施阶段的各类生产活动的总和，在现代社会，也可以说是把设计图描绘的建筑物、构筑物等，在指定的地点、空间变成实物的过程。建筑施工包括基础工程施工、主体结构施工、屋面工程施工、设备安装、装饰工程施工等。施工作业的场所称为施工现场，也叫工地。

我国在建筑施工方面有着几千年的悠久历史，巍峨矗立的万里长城、气势恢宏的故宫已成为世界文化遗产，还有数不清的知名建筑。

改革开放以来，我国建筑施工取得了世人瞩目的成就。鸟巢、水立方等一批代表性的建筑拔地而起，高层建筑施工也发展很快，建筑总高为 632 米，结构高度为 580 米的上海中心大厦已经交付使用；2014 年 12 月 29 日，位于深圳的平安金融中心工程核心筒混凝土结构在 555.5 米高度顺利封顶，充分显示了我国建筑工人的智慧和力量。

建筑施工属于事故发生率较高的行业，每年的事故死亡人数仅次于煤炭与交通行业，给许多家庭带来了难以弥补的伤痛和损失，2014 年全国共发生房屋市政工程安全事故 522 起，死亡 648 人。因此，建筑施工从业人员学习安全生产知识，掌握安全生产技能十分重要。

第二节　建筑施工特点与安全教育

一、建筑施工特点

1. 建筑产品的多样性

由于各种建筑物或构筑物都有特定的使用功能，因而建筑产品的种类繁多。不同的建筑物建造不仅需要制定一套适应于生产对象的工艺方案，而且还需要针对工程特点编制切实可行并行之有效的施工安全技术措施，才可能确保施工顺利进行和安全生产。

2. 建筑施工的流动性

建筑产品都必须固定在一定的地点建造，而建筑施工却具有流动性，主要表现在三方面：一是各工种的工人在某建筑物的部位上流动；二是施工人员在一个工地范围内的各栋建筑物上流动；三是建筑施工队伍在不同地区、不同工地的流动。这些都给安全生产带来了许多可变因素，稍有不慎，易导致伤亡事故的发生。

3. 建筑施工的综合性

建筑物的建造是多工种在不同空间、不同时间劳动并相互配合协调的过程，同一时间的垂直交叉作业不可避免，由于隔离防护措施不当，容易造成伤亡事故，各工种间的交叉作业由于安排不当，也可能导致伤亡事故的发生。

4. 作业条件的多变性

建筑施工大多是露天作业，日晒雨淋、严寒酷暑以及大风影响等形成的恶劣环境，不仅影响施工人员的健康，还易诱发安全事故。此外建筑施工高处作业多，据统计建筑施工中的高处作业约占总工程量的90%左右，而且高处作业的等级越来越高，有不少高度超过100米的高处作业。高处作业除了不安全因素多外，还会影响人的生理和心理因素，建筑施工伤亡事故中，近六成与高处作业有关。另外还有不少作业在未完成安装的结构上或搭设的临时设施（如脚手架等）上进行，使得高处作业的危险程度严重加剧。

5. 操作人员劳动强度的繁重性

建筑施工中不少工种仍以手工操作为主，加上组织管理不善，无限制地加班加点，工人在高强度劳动和超长时间作业中，体力消耗过大，容易造成过度疲劳，由此引起的注意力不集中，或作业中的力不从心等易导致事故的发生。

6. 施工现场设施的临时性

随着社会发展，建筑物体量和高度不断增加，工程的施工周期也随之延长，一年以上工期的工程比比皆是。为了保证工程建造正常和顺利地进行，施工中必须使用各种临时设施，如临时建筑、临时供电系统以及现场安全防护设施，这些临时设施经过长时间的风吹、日晒、雨淋、冰冻和各种人为因素的作用，其安全可靠性往往明显降低，特别是由于这些设施的临时性，容易导致施工管理人员忽视这些设施的质量，因而安全隐患和防护漏洞时有出现。

二、安全教育

随着建筑工程结构的日益复杂，建筑物高度的逐步增加，施工中各种机械使用的日益广泛，这些都对施工技术的要求越来越高。随着用工制度的改革，施工从业人员成分更加复杂，不少从业人员安全意识淡薄，安全操作技术水平较低，导致安全事故频频发生。因此，对施工从业人员进行安全教育就显得尤为重要。

建筑施工人员进入现场作业以前，必须进行必要的安全教育。《中华人民共和国劳动法》指出：用人单位必须建立、健全劳动安全卫生制度，严格执行国家劳动安全卫生规程和标准，对劳动者进行劳动安全卫生教育，防止劳动过程中的事故，减少职业危害。2014 年新修订的《中华人民共和国安全生产法》（后文简称《安全生产法》）规定：生产经营单位应当对从业人员进行安全生产教育和培训，保证从业人员具备必要的安全生产知识，熟悉有关的安全生产规章制度和安全操作规程，掌握本岗位的安全操作技能，了解事故应急处理措施，知悉自身在安全生产方面的权利和义务。未经安全生产教育和培训合格的从业人员，不得上岗作业。《中华人民共和国建筑法》（后文简称《建筑法》）也规定：建筑施工企业应当建立健全劳动安全生产教育培训制度，加强对职工安全生产的教育培训，未经安全生产教育培训的人员，不得上岗作业。

安全教育的形式多种多样，主要有三种，分别是三级安全教育、特种作业专门培训和经常性教育。

1. 三级安全教育

三级安全教育，是指对新工人（新进厂的合同工、临时工、学习和代培人员，脱岗 6 个月又重新上岗的职工）必须进行的公司级教育、项目级教育和班组级教育。

施工企业新进场的工人，必须接受公司、项目、班组的三级安全教育培训，经考核合格后，方可上岗，公司培训教育的时间不少于 15 学时，项目培训教育的时间不少于 15 学时，班组培训教育的时间不少于 20 学时。

（1）公司级要进行安全基本知识、法规、法制教育的主要内容

1）党和国家的安全生产方针、政策。

2）安全生产法规、标准和法制观念。

3）本单位施工过程和安全生产制度、安全纪律。

4）本单位安全生产形势及历史上发生的重大事故及应吸取的教训。

5）发生事故后如何抢救伤员、排险、保护现场和及时进行报告。

（2）项目级要进行现场规章制度和遵守纪律教育的主要内容

1）本项目施工特点及施工安全基本知识。

2）本项目安全生产制度、规定及安全注意事项。

3）本工种安全技术操作规程。

4）高处作业、机械设备、电气安全基础知识。

5）防火、防毒、防尘、防爆知识及紧急情况安全处置和安全疏散知识。

6）防护用品发放标准及使用基本知识。

（3）班组级要进行本工种安全操作及班组安全制度、纪律教育的主要内容

1）本班组作业特点及安全操作规程。

2）班组安全活动制度及纪律。

3）爱护和正确使用安全防护装置（设施）及个人劳动防护用品。

4）本岗位易发生事故的不安全因素及防范对策。

5）本岗位作业环境使用的机械设备、工具的安全要求。

2. 特种作业专门培训

建筑施工特种作业人员是指在房屋建筑和市政工程施工活动中，从事可能对本人、他人及周围设备设施的安全造成重大危害作业的人员。建筑施工特种作业人员必须经建设主管部门考核合格，

取得建筑施工特种作业人员操作资格证书，方可上岗从事相应作业。根据《建筑施工特种作业人员管理规定》（建质［2008］75号），建筑施工特种作业包括：建筑电工、建筑架子工、建筑起重信号司索工、建筑起重机械司机、建筑起重机械安装拆卸工、高处作业吊篮安装拆卸工、经省级以上人民政府建设主管部门认定的其他特种作业。

建筑施工特种作业人员的考核内容包括安全技术理论和实际操作，资格证书应当采用国务院建设主管部门规定的统一样式，由考核发证机关编号后签发。资格证书在全国通用，持有资格证书的人员，应当受聘于建筑施工企业或者建筑起重机械出租单位，方可从事相应的特种作业。用人单位对于首次取得资格证书的人员，应当在其正式上岗前安排不少于3个月的实习操作。建筑施工特种作业人员应当参加年度安全教育培训或者继续教育，每年不得少于24小时。

3. 员工的经常性安全教育

安全教育是一项长期工作，要经常开展。随着企业发展，市场竞争的加剧，施工工艺、岗位等都要跟随市场变化而变化，这就要求员工掌握新的安全知识；随着时间的推移，原来已经掌握的知识、技能，如果不经常使用会逐渐淡忘；再说生产任务繁忙时，"安全第一"的思想往往会动摇。因此，安全工作要时常提醒，警钟长鸣，经常性的安全教育十分有必要。经常性安全教育主要方式有：

（1）坚持班前会上说明安全注意事项，班后会讲评安全情况。

（2）围绕安全生产月活动主题，开展安全生产活动，扩大宣传。

（3）召开安全生产会议，专门计划、布置、检查、总结、评比安全生产工作。

（4）召开事故现场会，分析事故原因及教训，制定防止类似事故发生的措施。

作为建筑施工从业人员，应该积极参加安全教育，不断提高安全意识，认真掌握安全技能，为企业的安全管理出谋划策。

第三节　施工现场安全生产基本要求

一、新工人安全生产须知

（1）新工人进入工地前必须认真学习本工种安全技术操作规程。未经安全知识教育和培训，不得进入施工现场操作。

（2）进入施工现场，必须戴好安全帽，扣好帽带。

（3）在没有防护设施的两米高处、悬崖和陡坡施工作业必须系好安全带。

（4）高空作业时，不准往下或向上抛材料和工具等物件。

（5）不懂电器和机械的人员，严禁使用和摆弄机电设备。

（6）建筑材料和构件要堆放整齐稳妥，不要过高。

（7）危险区域要有明显标志，要采取防护措施，夜间要设红灯示警。

（8）在操作中，应坚守工作岗位，严禁酒后操作。

（9）建筑施工特种作业人员必须经建设主管部门考核合格，取得建筑施工特种作业人员操作资格证书，方可上岗从事相应作业。

（10）施工现场禁止穿拖鞋、高跟鞋、易滑的鞋、带钉的鞋，禁止赤脚和赤膊操作。

（11）施工现场的脚手架、防护设施、安全标志、警告牌、脚手架连接铅丝或连接件不得擅自拆除，需要拆除必须经过加固后经施工负责人同意。

（12）施工现场的洞、坑、井架、升降口、漏斗等危险处，应有防护措施并有明显标志。

（13）任何人不准向下、向上乱丢材、物、垃圾、工具等。不准随意开动一切机械。操作中注意力要集中，不准开玩笑，做私活。

（14）不准坐在脚手架防护栏杆上休息和在脚手架上睡觉。

（15）手推车装运物料，应注意平稳，掌握重心，不得猛跑或撒把溜放。

（16）拆下的脚手架、钢模板、轧头或木模、支撑要及时整理，元钉要及时拔除。

（17）砌墙斩砖要朝里斩，不准朝外斩。防止碎砖坠落伤人。

（18）工具用完后要随时装入工具袋。

（19）不准在井架内穿行；不准在井架提升后不采取安全措施到下面去清理砂浆、混凝土等杂物；不准吊篮久停空中；下班后吊篮必须放在地面处，且切断电源。

（20）脚手架上霜、雪、泥等及时清扫。

（21）脚手板两端要扎牢，防止空头板（竹脚手片应四点扎牢）。

（22）搭、拆脚手架和井字架不准不系安全带。

（23）单梯上部要扎牢，下部要有防滑措施。

（24）挂梯上部要挂牢，下部要绑扎。

（25）人字梯中间要扎牢，下部要有防滑措施，不准人坐在上面骑马式移动。

二、防止违章和事故的十项操作要求，即做到"十不盲目操作"

（1）新工人未经三级安全教育，复工换岗人员未经安全岗位教育，不盲目操作。

（2）特殊工种人员、机械操作工未经专门安全培训，无有效安全上岗操作证，不盲目操作。

（3）施工环境和作业对象情况不清，施工前无安全措施或作业安全交底不清，不盲目操作。

（4）新技术、新工艺、新设备、新材料、新岗位无安全措施，未进行安全培训教育、交底，不盲目操作。

（5）安全帽和作业所必需的个人防护用品不落实，不盲目操作。

（6）脚手架、吊篮、塔吊、井字架、龙门架、外用电梯、起重机械、电焊机、钢筋机械、木工平刨、圆盘锯、搅拌机、打桩机等设施设备和现浇混凝土模板支撑，搭设安装后未经验收合格，不盲目操作。

（7）作业场所安全防护措施不落实，安全隐患不排除，威胁人身和国家财产安全时，不盲目操作。

（8）凡上级或管理干部违章指挥，有冒险作业情况时，不盲目操作。

（9）高处作业、带电作业、禁火区作业、易燃易爆作业、爆破性作业、有中毒或窒息危险的作业和科研实验等其他危险作业的，均应制定方案，并经安全交底；未经批准、未经安全交底和无安全防护措施，不盲目操作。

（10）隐患未排除，有自己伤害自己、自己伤害他人、自己被他人伤害的不安全因素存在时，不盲目操作。

三、施工现场行走或上下的"十不准"

（1）不准从正在起吊、运吊中的物件下通过。

（2）不准从高处往下跳或奔跑作业。

（3）不准在没有设防护的外墙和外隔板等建筑物上行走。

（4）不准站在小推车等不稳定的物体上操作。

（5）不得攀爬起重臂、绳索、脚手架、井字架、龙门架，以及随同运料的吊盘及吊装物上下。

（6）不准进入挂有"禁止出入"或设有危险警戒标志的区域、场所。

（7）不准在重要的运输通道或上下行走通道上逗留。

（8）未经允许不准私自出入非本单位作业区域或管理区域，尤其是存有易燃易爆物品的场所。

（9）严禁在无照明设施，无足够采光条件的区域、场所内行走、逗留。

（10）不准无关人员进入施工现场。

[事故案例]

2010年4月25日，南京某建筑集团深圳分公司负责承建桃源峰景园项目一期工程时，发生一起沙斗从高处翻落事故。沙斗从第9层楼面落下后，击起地面一根钢管，钢管砸中了刚好从该处经过的工人祝某，致其身受重伤。祝某被紧急送往医院抢救，但因伤势过重死亡。

直接原因是：第一，在塔吊指挥没到位的情况下，司机违章起吊，混凝土工班组长违章指挥，且当时楼面上工人较多，指挥混乱，现场没有配备司索工，绑扎人员不具备相应资格，从而导致布料机在被吊起过程中侧翻，布料机的沙斗翻落地面，击起钢管砸中祝某，致其重伤死亡。第二，祝某等4人安全意识淡薄，为走近路直接从外墙脚手架下面进出，冒险进行作业。

间接原因是：相关单位管理不到位，对工人违章指挥、塔吊违章作业及工人冒险作业未能及时制止，对工人的安全教育及技术培训未能落实到位。同时没有及时制止现场不具备司索工资质人员进行司索作业。

第二章 安全生产法律法规常识

建设工程的安全生产关系到人民群众的生命和财产安全，关系到社会稳定和国民经济持续健康发展。建筑作业人员既是安全生产保护的对象，又是实现建设工程安全生产的基本要素。人是最宝贵、最活跃的生产力，作业人员是各项施工最直接的劳动者，是各项安全生产法律权利和义务的承担者。作业人员能否安全、熟练地操作各种施工工具或者作业，能否得到人身安全和健康的切实保障，能否严格遵守安全规程和安全生产规章制度，往往决定了一个企业的安全生产水平。

建立健全安全生产法律法规，是构建安全生产长效机制的重要保证。法律法规对作业人员在安全生产方面的权利和义务作了明确规定，这些规定必须严格遵守。对侵犯作业人员在安全生产方面的权利的，作业人员不履行保证安全生产的法定义务的，都属违法行为，将受到法律的追究。

第一节 我国安全生产法律法规体系

我国党和政府长期以来一直关注安全生产工作，先后制定了一系列涉及安全生产的法律法规，《安全生产法》出台后，安全生产法制建设进入了突飞猛进的发展轨道，安全生产法律法规体系初步完善。

一、我国的安全生产方针

《安全生产法》规定：安全生产工作应当以人为本，坚持安全发展，坚持安全第一、预防为主、综合治理的方针，强化和落实生产经营单位的主体责任，建立生产经营单位负责、职工参与、政府监管、行业自律和社会监督的机制。

"安全第一"，就是在生产经营活动中，在处理保证安全与生产经营活动的关系上，要始终把安全放在首要位置，优先考虑从业人员和其他人员的人身安全，实行"安全优先"的原则。在确保安全的前提下，努力实现生产的其他目标。

"预防为主"，就是按照系统化、科学化的管理思想，按照事故发生的规律和特点，千方百计预防事故的发生，做到防患于未然，将事故消灭在萌芽状态。虽然人类在生产活动中还不可能完全杜绝事故的发生，但只要思想重视，预防措施得当，事故是可以减少的。

安全生产工作是一项复杂的系统工程，是生产力发展水平和社会公共管理水平的综合反映，涉及时时、事事、处处、人人，面广、线长、难度大，必须"综合治理"，采取法制、行政、经济、科学、人文等一系列措施，实现"制度使其不能，教育使其不违，检查使其不漏，奖罚使其不懒，严惩使其不怠"。做到思想认识上警钟长鸣，制度保证上严密有效，技术支撑上坚强有力，监督检查上严格细致，事故处理上严肃认真。通过齐抓共管、各负其责实现安全生产。

二、我国的安全生产法律法规体系

目前，我国的安全生产法律法规已初步形成一个以宪法为依据，以《安全生产法》为主体，由有关法律、行政法规、地方法规和行政规章、技术标准所组成的综合体系。

1. 宪法

《宪法》是国家法律体系的基础和核心，确定了国家制度、社会制度和公民的基本权利和义务，具有最高法律效力，是其他法律的立法依据和基础。宪法是安全生产法律体系框架的最高层次。我国《宪法》规定：国家通过各种途径，创造劳动就业条件，加强劳动保护，改善劳动条件，并在发展生产的基础上，提高劳动报酬和福利待遇。这是对安全生产方面最高法律效力的规定。

2. 安全生产法律

狭义地讲，我国法律是指全国人民代表大会及其常务委员会按照法定程序制定的规范性文件，其法律地位和效力仅次于宪法，是行政法规、地方法规、行政规章的立法依据和基础。全国人民代表大会及其常务委员会作出的具有规范性的决议、决定、规定、办法等，也属于国家法律范畴。

法律是安全生产法律体系中的上位法，居于整个体系的最高层级。国家现行的有关安全生产法律分为：

（1）基础法。基础法是指《安全生产法》和与它平行的专门法律和相关法律。《安全生产法》是综合规范安全生产法律制度的法律，它适用于所有生产经营单位，是我国安全生产法律体系的核心。

（2）专门法律。专门安全生产法律是规范某一专业领域安全生产法律制度的法律，如《中华人民共和国建筑法》《中华人民共和国消防法》《中华人民共和国道路交通安全法》等。

（3）相关法律。与安全生产相关的法律是指安全生产专门法律之外的其他涵盖有安全生产内容的法律，如《中华人民共和国劳动法》《中华人民共和国劳动合同法》等。

3. 安全生产法规

安全生产法规分为行政法规和地方性法规。

（1）安全生产行政法规。安全生产行政法规是国务院组织制定并批准公布的，是为了实施安全生产法律或规范安全生产监督管理制度而制定并颁布的一系列具体规定，是实施安全生产监督管理和监察工作的重要依据。安全生产行政法规的法律地位和法律效力低于有关安全生产的法律，高于地方性安全生产法规、地方政府安全生产规章等下位法。国家现有的重要安全生产行政法规有《安全生产许可证条例》《生产安全事故报告和调查处理条例》《工伤保险条例》《建设工程安全生产管理条例》等。

（2）地方性安全生产法规。地方性安全生产法规是指由有立法权的地方权力机关人民代表大会及其常务委员会和地方政府制定的安全生产规范性文件，是由法律授权制定的对国家安全生产法律、法规的补充和完善，具有较强的针对性和可操作性。地方性安全生产法规的法律地位和法律效力低于有关安全生产的法律、行政法规，高于地方政府安全生产规章。经济特区安全生产法规和民族自治地方安全生产法规的法律地位和法律效力与地方性安全生产法规相同。如《北京市安全生产条例》《天津市安全生产条例》和《浙江省安全生产条例》等。

4. 安全生产规章

安全生产规章分为部门安全生产规章和地方政府安全生产规章。安全生产规章作为安全生产法律、法规的重要补充，在我国安全生产监督管理工作中起着十分重要的作用。

（1）部门安全生产规章。国务院有关部门依照安全生产法律、行政法规的规定或者国务院的授权制定发布的安全生产规章的法律地位和法律效力低于法律、行政法规，高于地方政府规章，如《建筑施工企业安全生产许可证管理规定》（建设部令第128号）等。

（2）地方政府安全生产规章。地方政府安全生产规章是最低层级的安全生产立法，其法律地位和法律效力低于其他上位法，不得与上位法相抵触。例如《北京市建设工程施工现场管理办法》（北京市人民政府令第72号）等。

5. 安全生产标准

技术标准是指规定强制执行的产品特性或其相关工艺和生产方法的文件，以及规定适用于产品、工艺或生产方法的专门术语、符号、包装、标志或标签要求的文件。在我国技术标准由标准主管部门以标准、规范、规程等形式颁布，也属于法规范畴。技术标准分为国家标准（GB）、行业标准、地方标准（DB）、企业标准（QB）等四个等级。国家标准、行业标准分为强制性标准和推荐性标准。保障人体健康，人身、财产安全的标准和法律、行政法规规定强制执行的标准是强制性标准，其他标准是推荐性标准。

（1）国家标准。安全生产国家标准是指国家标准化行政主管部门依照《中华人民共和国标准化法》（后文简称《标准化法》）制定的在全国范围内适用的安全生产技术规范，由国务院标准化行政主管部门制定、发布。强制性标准代号为"GB"，推荐性标准代号为"GB/T"。国家标准的编号由国家标准代号、国家标准发布顺序号及国家标准发布的年号组成。例如《高处作业分级》（GB/T 3608—2008）等。

（2）行业标准。安全生产行业标准是指国务院有关部门和直属机构依照《标准化法》制定的在安全生产领域内适用的安全生产技术规范。行业安全生产标准对同一安全生产事项的技术要求，可以高于国家安全生产标准但不得与其相抵触。例如《建筑施工安全检查标准》（JGJ 59—2011）、《建筑施工高处作业安全技术规范》（JGJ 80—91）等。

（3）地方标准。地方标准又称为区域标准，对没有国家标准和行业标准而又需要在辖区内统一的产品的安全、卫生要求，可以制定地方标准。地方标准由省、自治区、直辖市标准化行政主管部门制定，并报国务院标准化行政主管部门和国务院有关行政主管部门备案。

（4）企业标准。企业标准是对企业范围内需要协调、统一的技术要求、管理要求和工作要求所制定的标准。企业标准由企业制定，由企业法人代表或法人代表授权的主管领导批准、发布。

第二节　作业人员的安全生产法律权利

作业人员既是施工活动的直接承担者，又是安全生产事故的受害者或责任者。只有高度重视和充分发挥作业人员在施工中的主观能动性，最大限度地提高作业人员的安全意识和安全技能，才能把不安全因素和事故隐患降到最低限度，预防事故，减少人身伤亡。

一、安全生产的知情权

安全生产的知情权包括获得安全生产教育和技能培训的权利，被如实告知作业场所和工作岗位存在的危险因素、防范措施及事故应急措施的权利。

建筑施工现场存在许许多多危险因素，直接接触这些危险因素的作业人员往往是生产安全事故的直接受害者。许多生产事故作业人员伤亡严重的教训之一，就是作业人员没有获知危险因素以及发生事故时应当采取的应急措施。如果作业人员知道并且掌握有关安全知识和处理办法，就可以消除许多不安全因素和事故隐患，避免事故发生或者减少人身伤亡。所以，《安全生产法》规定：生产经营单位的作业人员有权了解其作业场所和工作岗位存在的危险因素及事故应急措施。要保证作业人员这项权利的行使，生产经营单位就有义务事前告知有关危险因素和事故应急措施。否则，生产经营单位就侵犯了作业人员的权利，并对由此产生的后果承担相应的法律责任。

1.　按规定对作业人员进行安全培训教育

不同的工作岗位和不同的机械设备具有不同的安全技术特性和要求，所以要求企业要按规定对作业人员进行培训，使作业人员能够掌握专业知识和安全操作规程。《建筑业企业职工安全培训教育暂行规定》中要求：施工企业新进场的工人，必须接受公司、项目、班组的三级安全培训教育，经考核合格后，方可上岗。公司级培训教育的时间不得少于 15 学时；项目部培训教育的时间不得少于 15 学时；班组培训教育的时间不得少于 20 学时；企业待岗、转岗、换岗的职工，在重新上岗前必须接受一次安全培训，时间不得少于 20 学时；企业其他职工每年接受安全培训的时间，不得少于 15 学时。

安全培训的主要内容包括：

（1）国家和地方有关安全生产的方针、政策、法规、标准、规范、规程，企业的安全规章制度等。

（2）专业技术、业务知识的教育培训。

（3）文化素质的教育培训。

（4）安全操作规程及岗位培训教育。

（5）事故案例和警示教育。

（6）项目危险源的识别与分阶段专项安全教育。

2.　做好安全技术交底和班组安全活动

施工单位通过安全技术交底和班组安全活动及时向作业人员告

知危险岗位的操作规程和违章操作的危害，以及各种危险因素的防范措施、应急知识等。

二、获得符合国家行业标准的劳动防护用具的权利

《建设工程安全生产管理条例》要求施工单位应当向作业人员提供安全防护用具和安全防护服装。

向作业人员提供安全防护用具和安全防护服装是施工单位的一项法定义务。劳动保护用品必须以实物形式发放，不得以货币或其他物品替代。

安全防护用具是指在施工作业过程中能够对作业人员的人身起保护作用，使作业人员免遭或减轻各种人身伤害或职业危害的用品。

施工单位应当安排专项经费，专门用于配备安全防护用具和安全防护服装，并不得挪作他用。施工作业人员有正确使用劳动保护用品的义务。

施工单位购置的安全防护用具和防护服装必须符合国家标准或行业标准。

三、对安全生产问题提出批评、建议的权利

作业人员对建筑施工现场安全生产情况尤其是安全管理中的问题和事故隐患最了解、最熟悉，具有他人不能替代的作用。只有依靠他们并且赋予必要的安全生产监督权和自我保护权，才能做到预防为主，防患于未然，才能保障他们的人身安全和健康。关注安全，就是关爱生命，关心企业。一些建筑施工企业的主要负责人不重视安全生产，对安全问题熟视无睹，不听取作业人员的正确意见和建议，使本来可以发现、及时处理的事故隐患不断扩大，导致事故和人员伤亡；有的竟然对批评、检举、控告安全生产问题的作业人员进行打击报复。

《安全生产法》针对某些生产经营单位存在的不重视甚至剥夺作业人员对安全管理监督权利的问题，规定作业人员有权对本单位的安全生产工作提出建议；有权对本单位安全生产工作中存在的问题提出批评、检举、控告。生产单位不得因此作出对作业人员不利

的处分。

作业人员具有对施工现场的作业条件、作业程序和作业方式中存在的安全问题提出批评、检举和控告的权利。施工现场作业条件的好坏、作业程序和作业方式是否合理，对作业人员的身心健康有直接影响。作业人员直接从事施工作业活动，对本岗位、本工程项目的作业条件、作业程序和作业方式存在的安全问题有最直接的感受。赋予作业人员对安全生产工作中存在的问题提出批评的权利，有利于作业人员对本岗位的作业条件、作业程序和作业方式提出建议和意见，有利于作业人员对施工单位和工程项目的安全生产工作进行监督。施工单位和工程项目的领导和管理人员能及时听到基层意见，有利于施工单位和工程项目不断改进安全生产工作。

对安全生产工作中存在的问题，如施工单位和工程项目违反安全生产法律、法规、规章等行为，特别是在施工单位有关负责人不接受批评意见和建议，不采取改进措施的情况下，作业人员还有权向建设行政主管部门、安全生产监督管理部门，直至监督机关、地方人民政府等进行检举、控告。

四、对违章指挥的拒绝权

在施工现场中经常出现企业负责人或者管理人员违章指挥和强令作业人员冒险作业的现象，由此导致事故，造成人员大量伤亡。因此，法律赋予作业人员拒绝违章指挥和强令冒险作业的权利，不仅是为了保护作业人员的人身安全，也是为了警示生产经营单位负责人和管理人员必须照章指挥，保证安全，并不得因作业人员拒绝违章指挥和强令冒险作业而对其进行打击报复。《安全生产法》规定：生产经营单位不得因作业人员对本单位安全生产工作提出批评、检举、控告或者拒绝违章指挥、强令冒险作业而降低其工资、福利等待遇或者解除与其订立的劳动合同。

违章指挥、强令冒险作业，侵犯了作业人员的合法权利，是严重的违法行为，也是直接导致安全事故的重要原因。

五、采取紧急避险措施的权利

由于施工现场危险因素的存在不可避免，经常会在施工作业过程中发生一些意外的或者人为的直接危及作业人员人身安全的危险情况，将会或者可能会对作业人员造成人身伤害。比如脚手架、模板坍塌等紧急情况并且无法避免时，最大限度地保护现场作业人员的生命安全是第一位的，法律赋予他们享有停止作业和紧急撤离的权利。《安全生产法》规定：作业人员发现直接危及人身安全的紧急情况时，有权停止作业或者在采取可能的应急措施后撤离作业场所。生产经营单位不得因作业人员在前款紧急情况下停止作业或者采取紧急撤离措施而降低其工资、福利等待遇或者解除与其订立的劳动合同。

六、医疗救治和获得工伤保险赔付的权利

建筑行业属于高风险行业，为了保护建筑业作业人员的合法权益，转移生产安全事故风险，增强施工单位预防和控制生产安全事故的能力，促进安全生产，近几年来我国的法律法规都规定了发生安全生产事故后，作业人员有获得及时抢救、医疗救治、工伤保险和意外伤害保险赔付的权利。

1. 工伤保险

工伤保险的主要任务是保障因工作遭受事故伤害、患职业病的职工获得医疗救治、职业康复和经济补偿。从广义上讲，它是生产经营单位安全生产事故的事后保障。建立工伤保险后，作业人员可以安心工作，遵守规程制度，从而保障生产经营单位的安全生产。

《安全生产法》规定：生产经营单位必须依法参加工伤社会保险，为作业人员缴纳保险费。生产经营单位与作业人员订立的劳动合同，应当载明有关保障作业人员劳动安全、防止职业危害的事项，以及依法为作业人员办理工伤社会保险的事项。生产经营单位不得以任何形式与作业人员订立协议，免除或者减轻其对作业人员因生产安全事故伤亡依法应当承担的责任。因生产安全事故受到损害的人员，除依法获得工伤社会保险赔偿外，依照有关民事法律尚有获得赔偿的权利的，有权向本单位提出赔偿要求。

（1）作业人员依法享有工伤保险和伤亡求偿的权利。法律规定这项权利必须以劳动合同必要条款的书面形式加以确认。没有依法

载明或者免除或者减轻生产经营单位对作业人员因生产安全事故伤亡依法应承担的责任的，是一种非法行为，应当承担相应的法律责任。

（2）依法为作业人员缴纳工伤社会保险费和给予民事赔偿，是生产经营单位的法律义务。生产经营单位不得以任何形式免除该项义务，不得变相以抵押金、担保金等名义强制作业人员缴纳工伤社会保险费。

（3）发生生产安全事故后，作业人员首先依照劳动合同和工伤社会保险合同的约定，享有相应的赔付金。如果工伤保险金不足以补偿受害者的人身损害及经济损失的，依照有关民事法律应当给予赔偿的，作业人员或其亲属有要求生产经营单位给予赔偿的权利，生产经营单位必须履行相应的赔偿义务。否则，受害者或其亲属有向人民法院起诉和申请强制执行的权利。

（4）作业人员获得工伤社会保险赔付和民事赔偿的金额标准、领取和支付程序，必须符合法律、法规和国家的有关规定。作业人员和生产经营单位均不得自行确定标准，不得非法提高或者降低标准。

我国的《工伤保险条例》强调工伤保险是法定的强制保险，保障工伤职工的救治权与经济补偿权。对工伤职工在遭受事故伤害或者患职业病以后，首先的权利是要得到及时、有效的抢救。在这方面所发生的运输、住院、检查诊断、治疗等费用，都要得到足额的保障，使受伤职工的伤害程度尽快得到有效的控制。其次，等到职工的病情稳定以后，便要按照法定的程序进行评残，确定伤残的等级，以便安排相应的一次性的和长期性的经济补偿。

2. 意外伤害保险

《建筑法》规定：鼓励企业为从事危险作业的职工办理意外伤害保险，支付保险费。

《建设工程安全生产管理条例》规定：施工单位应当为施工现场从事危险作业的人员办理意外伤害保险。该项保险是施工单位必须办理的，以维护施工现场从事危险作业人员的利益。

施工现场从事危险作业的人员是指在高空作业、临边洞口、基坑及操作电气、机械、起重吊装等作业的人员。

3. 工伤保险与人身意外伤害保险的关系

工伤保险属于社会保险中的一种，而人身意外伤害保险属于商业保险的范畴。因此，工伤保险与人身伤害保险的关系，实质上是社会保险与商业保险的关系。

一个人如果既参加了工伤保险又购买了人身意外伤害保险，那么，其发生工伤后，除了按照条例规定享受相应的工伤保险待遇外，还可以根据与商业保险公司保险合同中的约定，享受相应的意外伤害保险待遇。

第三节　作业人员的安全生产法律义务

大量事故证明，绝大多数生产事故都属于作业人员违章违规操作引发的责任事故。导致作业人员违章违规操作的主要原因有四个：一是法定的安全生产义务不明确。二是作业人员的安全素质差，责任心不强，不严格按照操作规程和规章制度进行生产经营作业。三是因作业人员不履行法定义务所应承担的法律责任不明确，查处依据不足。四是有关责任追究的法律规定偏轻，不能引起作业人员的足够重视。由此可见，要实现安全生产，必须加强作业人员依法生产、照章作业的责任感，对作业人员安全生产义务和责任作出明确的法律规定。

《安全生产法》第一次明确规定了作业人员安全生产的法定义务和责任。这具有重要意义：一是安全生产是作业人员最基本的义务和不容推卸的责任。二是作业人员必须尽职尽责，严格照章办事，不得违章违规。三是作业人员不履行法定义务，必须承担相应的法律责任。四是为事故处理及作业人员责任追究提供法律依据。

作业人员的义务主要包括以下几个方面：

（1）在作业过程中必须遵守安全施工强制性标准、本单位的安全生产规章制度和操作规程，服从管理，不得违章作业。

《安全生产法》规定：作业人员在作业过程中，应当严格遵守本单位的安全生产规章制度和操作规程，服从管理。《建设工程安全生产管理条例》规定：作业人员应当遵守安全施工的强制性标准、规章制度和操作规程，正确使用安全防护用具、机械设备等。根据这些法律、法规和规章的规定，施工企业必须制定本单位安全生产的规章制度和操作规程。作业人员必须严格依照这些规章制度和操作规程进行生产经营作业。安全生产规章制度和操作规程是作业人员从事施工作业，确保安全的具体规范和依据。从这个意义上说，遵守规章制度和操作规程，实际上就是依法进行安全生产。事实表明，作业人员违反规章制度和操作规程，是导致生产事故的主要原因。违反规章制度和操作规程，必然发生生产事故。依照法律规定，施工企业的作业人员不服从管理，违反安全生产规章制度和操作规程的，由施工企业批评教育，依照有关规章制度给予处分；造成重大事故，构成犯罪的，依照刑法有关规定追究刑事责任。

工程建设强制性标准是保证建设工程结构安全和施工安全的最基本要求，违反强制性标准，必然会给建设工程带来重大结构安全隐患和施工安全隐患。施工单位的安全生产规章制度和安全操作规程是针对本单位实际情况制定的，对保护作业人员的安全施工具有很强的针对性和可操作性。作业人员应当遵守安全施工强制性标准、本单位的安全生产规章制度和操作规程，这是其在安全生产方面的一项基本任务。

（2）接受安全生产教育和培训，掌握本职工作所需要的安全生产知识。安全生产教育和培训是为了使作业人员掌握安全生产知识、提高安全生产技能，增强事故预防及应急处理能力，自觉地贯彻执行"安全第一，预防为主，综合治理"的方针政策和安全生产法律、法规，遵守安全生产规章制度和操作规程。

作业人员应当通过安全生产教育和培训，掌握本职工作所需要的安全生产知识，提高安全生产技能。同时应当掌握事故发生的客观规律，增强事故预防和应急处理能力。通过教育培训和自身学习，作业人员必须掌握以下内容：

1）具备必要的安全生产知识。首先是有关安全生产的法律法规知识。法律法规中有很多有关安全生产的内容，这些内容是多年安全生产工作经验的总结，是企业搞好安全生产的工作指南和行为规范，作业人员必须了解和掌握这些内容。其次是有关生产过程中的安全知识。作业人员作为施工的具体作业者和操作者，必须掌握与生产有关的安全知识，只有这样，才能保障施工安全，保障作业人员本身的生命安全和健康。再次是有关事故应急救援和逃离知识，在作业人员受到生命威胁的紧急情况下，要立即停止作业，采取应急措施后撤离危险作业场所到安全地方。事故发生后，作业人员要及时报告有关负责人，尽可能利用现场条件，采取措施，避免事故扩大，减少人员伤亡。在条件允许的情况下，要积极组织人员逃离。在这些过程中，从保护作业人员人身安全和健康考虑，作业人员应当了解掌握有关事故应急救援和逃离知识。

2）熟悉有关安全生产规章制度和操作规程。为加强安全生产监督管理，国务院有关部门制定了一系列安全生产的规章制度，主要是以部门令的形式和规范性文件发布。地方政府也根据本地区的实际，制定了一些有关安全生产的规章制度，有地方性法规和政府部门规章等。对这些规章制度，作业人员应当了解和掌握，做到心中有数。同时，生产经营单位根据国家有关安全生产的法律、法规及规章制度，结合本单位的实际，制定了许多本单位的安全生产规章制度和操作规程。这些规章制度和操作规程是安全生产法律法规的具体化，是作业人员工作的准则、行动的指南，具有较强的操作性，作业人员应当逐条逐字掌握，熟悉其内容。事实证明，很多事故发生都是由于作业人员违章作业、领导违章指挥、强令冒险作业造成的。因此，作业人员应当认真学习，加强安全教育和培训，通过学习教育和培训，使作业人员熟悉有关安全生产规章制度和操作规程。只有这样，才能按章办事，避免和减少事故的发生。

3）掌握本岗位的安全操作技能。施工现场是一个复杂的系统工程，它由许许多多的单元组成，每个单元就是一个工作岗位。如果每个工作岗位安全了，那么整个施工现场也就安全了。因此，工作岗位的安全生产，是整个施工现场安全生产的基础。只有保证每个工作岗位的安全，才能确保施工企业的安全生产。施工企业要加强岗位安全生产教育和培训，使作业人员熟练掌握本岗位的安全操作规程、作业规程，提高安全操作技能，降低每个岗位的事故发生率。要坚决将未接受安全教育、安全操作技能差的岗位人员，从岗位上撤下来。要制定有关措施，鼓励岗位作业人员开展各种比赛，提高安全操作水平。

(3) 发现事故隐患应当及时向本单位安全生产管理人员或主要负责人报告。作业人员直接进行施工作业，他们是事故隐患和不安全因素的第一当事人。许多重大、特大生产事故是由于作业人员在作业现场发现事故隐患和不安全因素后，没有及时报告，以至延误了采取措施进行紧急处理的时机。如果作业人员尽职尽责，及时发现并报告事故隐患和不安全因素，许多事故能够得到及时报告并得到有效处理，完全可以避免事故发生和降低事故损失。所以，发现事故隐患并及时报告是贯彻预防为主的方针，加强事前防范的重要措施。为此，《安全生产法》规定：作业人员发现事故隐患或者其他不安全因素，应当立即向现场安全生产管理人员或者本单位负责人报告；接到报告的人员应当及时予以处理。这就要求作业人员必须具有高度的责任心，防微杜渐，防患于未然，及时发现事故隐患和不安全因素，预防事故发生。

(4) 作业人员应当正确佩戴和使用劳动防护用具。正确佩戴和使用劳动防护用具是作业人员必须履行的法定义务，这是保障作业人员人身安全和施工企业安全生产的需要。作业人员不履行该项义务而造成人身伤害的，生产经营单位不承担法律责任。

作业人员必须履行遵章守规、服从管理、接受培训、提高安全技能、及时发现、处理和报告事故隐患以及不安全因素等法定义务及其法律责任。如果作业人员能够切实履行这些法定义务，逐步提高自身的安全素质，提高安全生产技能，就能及时有效地避免和消除大量的事故隐患，掌握安全生产的主动权。

第三章 安全生产基本常识

　　安全生产是科学、是技术，生产事故是可以预防的。作为施工现场从业人员，必须了解安全生产技术，掌握本岗位的事故预防本领，增强事故应急处理能力，保护好自己，不伤害他人，从"要我安全"向"我要安全"到"我会安全"转变。

　　在安全生产教育培训和平时的学习、阅读中，从业人员会遇到一些常用的安全生产术语，这些术语经常出现在法律法规、规章制度、操作规程与标准和培训教材中。从业人员应该熟知这些术语的含义与内容，以便更好地学习安全生产技术与知识。

第一节　安全生产常用术语

一、安全

　　安全是指免遭不可接受危险的伤害。

　　生产过程中的安全，又称为生产安全，是指不发生工伤事故、职业病、设备损失的状态。工程中的安全，是用概率表示近似的客观量，用于衡量安全的程度。

二、危险

　　危险是指易于受到损害或伤害的一种状态，它是指系统中存在导致发生不期望后果的可能性超过了人们的接受程度。

　　危险性是指对系统危险程度的客观描述，它用危险概率和危险严重度来表示这一危险可能导致的损失。

　　长期以来，人们一直把安全和危险看作截然不同的、相对独立的概念。系统安全包含许多创新的安全新概念：认为世界上没有绝对安全的事物，任何事物中都包含有不安全的因素，具有一定的危险性。其中，危险概率是指发生危险的可能性，危险严重度是指对危害造成的最坏结果的定性评价。安全则是一个相对的概念，它是一种模糊数学的概念。危险性是对安全性的隶属度；当危险性低于某种程度时，人们就认为是安全的。

三、危险因素

能对人造成伤亡或对物造成突发性损害的因素。

四、有害因素

能影响人的身体健康导致疾病，或对物造成慢性损害的因素。

五、危险源

危险源是指可能造成人员伤害、疾病、财产损失、作业环境破坏或其他损失的根源或状态。

六、风险

风险是危险、危害事故发生的可能性与危险、危害事故严重程度的综合度量。

七、事故

事故是指造成人员死亡、伤害、职业病、财产损失或其他损失的意外事件。

八、事故隐患

事故隐患是指生产系统中可导致事故发生的人的不安全行为、物的不安全状态和管理上的缺陷。

事故隐患分为一般事故隐患和重大事故隐患。

一般事故隐患是指危害和整改难度较小，发现后能够立即整改排除的隐患。

重大事故隐患是指危害和整改难度较大，应当全部或者局部停产停业，并经过一定时间整改、治理方能排除的隐患，或者因外部因素影响致使生产经营单位自身难以排除的隐患。

九、预警

预警是指在事故发生前进行预先警告，即对将来可能发生的危险进行事先的预报，提醒相关当事人注意。

十、应急救援

应急救援是指在发生事故时，采取的消除、减少事故危害和防止事故恶化，最大限度地降低事故损失的措施。

十一、预案

预案是指根据预测危险源、危险目标可能发生事故的类别、危害程度，而制定的事故应急救援方案。

十二、安全生产责任制

安全生产责任制是根据我国"安全第一，预防为主，综合治理"的安全生产方针和安全生产法规以及"管生产的同时必须管安全"这一原则，建立的各级领导、职能部门、工程技术人员、岗位操作人员在劳动生产过程中对安全生产层层负责的制度，是将以上所列的各级负责人员、各职能部门及其工作人员和各岗位生产人员在安全生产方面应做的事情和应负的责任加以明确规定的一种制度。

岗位工人对本岗位的安全生产负直接责任。岗位工人要接受安全生产教育和培训，遵守有关安全生产规章和安全操作规程，不违章作业，遵守劳动纪律。特种作业人员必须接受专门的培训，经考试合格取得操作资格证书，方可上岗作业。

十三、安全生产规章制度

安全生产规章制度是指施工单位根据有关安全生产的法律、法规以及有关国家标准或者行业标准，结合本单位的实际情况制定的安全生产方面的具体制度和要求。

十四、安全生产检查

安全生产检查是指对生产过程及安全管理中可能存在的隐患、有害与危险因素、缺陷等进行查证，以确定隐患或有害与危险因素、缺陷的存在状态，以及它们转化为事故的条件，以便制定整改措施，消除隐患和有害与危险因素，确保生产安全。

安全生产检查是安全管理工作的重要内容，是消除隐患、防止事故发生、改善劳动条件的重要手段。通过安全生产检查可以发现生产经营单位生产过程中的危险因素，以便有计划地制定纠正措施，保证生产安全。

安全生产检查的类型包括定期安全生产检查、经常性安全生产检查、季节性及假日前安全生产检查、专业（项）安全生产检查、综合性安全生产检查、不定期的职工代表巡视安全生产检查等。

十五、"三违"与强令冒险作业

所谓"三违"是指违章指挥、违章作业、违反劳动纪律。

1. 违章指挥

违章指挥是指施工单位有关管理人员违反国家关于安全生产的法律、法规和有关安全规程、规章制度的规定，对作业人员具体的生产活动进行指挥，强令工人冒险作业；指挥工人在安全防护设施、设备有缺陷的条件下仍然冒险作业，违章作业而不制止。

2. 违章作业

违章作业是指职工在劳动过程中违反有关的法规、标准、规章制度、操作规程，盲目蛮干，冒险作业的行为。如不遵守施工现场安全制度，进入施工现场不戴安全帽，高处作业不系安全带，不正确使用个人防护用品，擅自动用机电设备或拆改挪动设施、设备，随意攀爬脚手架等。

3. 违反劳动纪律

违反劳动纪律是指不遵守企业的各项劳动纪律，如迟到、早退、脱岗、工作期间干私活、打架斗殴、嬉闹等。

4. 强令冒险作业

强令冒险作业是指施工单位有关管理人员明知开始或者继续作业会有重大危险，仍然强迫作业人员进行作业的行为。

十六、"三宝"

所谓"三宝"是指建筑施工防护使用的安全网、个人防护佩戴的安全帽和安全带，坚持正确使用、佩戴，可减少操作人员的伤亡事故，因此称为"三宝"。

进入施工现场必须正确佩戴安全帽；高处作业必须正确系挂安全带；建筑物必须采用符合国家标准要求的密目式安全网实施封闭，外脚手架内必须按规定设置安全平网。

十七、"四口"

所谓四口是指楼梯口、电梯井口（包括垃圾口）、预留洞口、通道口。有人比喻这些是张着的老虎嘴。多数事故就是在这"四口"发生的。

十八、"五临边"

所谓"五临边"是指深度超过 2 米的槽、坑、沟的周边；无外脚手架的屋面与楼层的周边；分层施工的楼梯口的梯段边；井字架、龙门架、外用电梯和脚手架与建筑物的通道和上下跑道、斜道的两侧边；尚未安装栏杆或栏板的阳台、料台、挑平台的周边。

十九、"三不伤害"

所谓"三不伤害"是指在生产作业中不伤害自己、不伤害他人、不被别人伤害。

首先，确保自己不违章，其次保证不伤害自己，最后不去伤害别人。要做到不被别人伤害，这就要求作业人员要有良好的自我保护意识，及时制止违章。制止违章既保护了自己，也保护了他人。

二十、"五大伤害"

所谓"五大伤害"是指建筑工地上最常出现的高处坠落、物体打击、触电伤害、机械伤害和坍塌事故五类安全事故。

1. 高处坠落

高处坠落是指在高处作业中发生坠落造成的伤亡事故。

高处坠落是建筑业的主要事故，如施工中从平台、陡壁、楼梯口、电梯口、垃圾口、预留洞口、漏斗、建筑物主入口及脚手架、阳台、楼层、屋顶、天棚、框架周边、跑道两侧边发生的坠落事故。高处坠落不包括以其他事故类别作为诱发条件的坠落事故，如高处作业时因触电引起的坠落，不属于高处坠落，应划为触电事故。

2. 物体打击

物体打击是指物体在受重力或其他外力的作用下产生运动，打击人体造成的人身伤害的事故。伤亡事故统计中的物体打击一般是指：

（1）物体在重力作用下，倾斜、断裂、倒塌时的下落物、飞溅物造成的伤害。如电杆、塔架、树木等倒塌以及崖石塌落造成的伤害。

（2）自由落体造成的伤害。如高处作业人员在作业时碰落物体、工具，建筑施工时从高处掉下的砖、瓦、脚手板和杆，高处人员抛落物体等造成的伤害。

（3）失控物体惯性力造成的伤害。如作业时离柄的斧头、锤头，抛掷、接收物体不当造成的伤害等。

（4）物体在弹性力作用下造成的伤害。如森林伐木作业中的"回头棒"，钢簸、钢丝绳、紧固圈、弹簧、木棍、竹竿、铁管、钢板、木板等反弹和锚桩被拔时反弹造成的伤害等。

（5）非失控（受控）物体的伤害。如人工打钎、打铁时大锤碰（砸）人体，木工钉钉、凿眼时斧子（锤子）砸着自身或对别人造成的伤害等。

（6）喷射物造成打击的伤害。如石油、天然气开采中的井喷，输气、输水（液）管道损坏发生喷射造成的伤害等。

上述伤害都属于物体打击。但有些情况的打击伤害不属于物体打击，应分别列入其他事故类型。常见的有：

（1）因机械设备有缺陷或操作不当造成物体失控飞出伤人的事故，不属于物体打击。如砂轮机因没有防护罩或不符合要求，操作者操作方法不当，砂轮及碎片飞出伤人；机床开动时因夹固不牢，加工件飞出伤人；其他转动设备运转时飞出的物体伤人等，均属于机械伤害。

（2）起重机械有缺陷或因超负荷运行等原因造成折臂、倒架、落物等而伤及人体的，应属于起重伤害。

（3）车辆、起重机械或其他运动机械撞击物体或车轮碾压物体造成物体坍塌、滚动和飞溅而伤人的事故，应分别属于车辆伤害、起重伤害和机械伤害等。

3. 触电伤害

触电是指由于电流通过人体或带电体与人体间发生放电而造成的人身伤害。

触电伤害可分为电击和电伤两类。电击是电流流经人体，由于电流的热效应、化学效应、生理效应对人体造成的伤害。电伤是指由于电流的热效应造成人体皮肤局部创伤，有电灼伤、电烙印和皮肤金属化等。

触电伤害方式有单相触电、两相触电、跨步电压触电、接触触电及非接触触电（即当人体与带电体之间小于放电距离而发生击穿放电，电弧使人体造成严重灼伤）以及雷电造成的人体伤害。

4. 机械伤害

机械伤害是指机械设备与工具、加工件直接与人体接触引起的碰撞、夹击、剪切、绞、碾、卷入、割、戳、刺入等伤害。

机械设备一般包括钢筋机械设备（切断机、除锈机、调直机、弯曲机等）、木工机械（带锯、圆锯、平刨、压刨、木工车床等）、搅拌机、卷扬机、打夯机等及炊事机械（和面机、绞肉机等）。

机械设备造成人体伤害主要可分为运动部件造成的伤害和静止部件造成的伤害。

容易造成伤害的运动部件有：

（1）旋转的部件，如轴、凸块、孔、连接器、心轴、卡盘、刀具、夹具、风扇、飞轮及工件等。

（2）旋转部件和成切线运动部件间咬合处、传动带轮、传动带、链轮、链条、齿轮、齿条等。

（3）旋转部件的咬合处，如齿轮。

（4）旋转和固定部分之间的咬合处，如搅拌机与外壳。

（5）往复或滑动部分，如剪切刀刃、带锯锯齿等。

（6）旋转与滑动部分之间，如木工刨、压刨刀刃等。

（7）由于机械运转而飞出的刀具、夹具、部件、切屑、工件及未取下的工具，以及运转着的工件打击或绞轧等。

可能造成伤害的静止部件有：

静止的切削刀具与刃具，凸出的机械部分，毛坯、设备边缘和粗糙表面以及引起滑跌坠落的工作台等。

机械伤害一般多为轻伤，也有重伤甚至死亡的，但死亡较少。一般来讲，机械伤害容易预防，采取措施容易取得效果。

车辆、起重设备虽然也属机械设备，但因它们具有特殊性，在事故统计中已单独列出事故类别。因此，车辆伤害和起重伤害事故在统计时不能列入机械伤害。

5．坍塌事故

坍塌事故是指物体在外力或重力作用下，超过自身极限强度或因结构稳定性破坏而造成的事故。坍塌是指土石塌方，模板、脚手架坍塌，拆除工程施工中的坍塌等，不是指由于起重机械、车辆作用而造成的倒塌。

由于坍塌落物自重大、作用范围大，往往伤害人员多，后果严重，常形成重大伤亡事故。

二十一、"四不放过"

安全生产事故后，调查和处理必须坚持"四不放过"。所谓四不放过是指：事故原因没有查清不放过；事故责任者没有严肃处理不放过；广大职工没有受到教育不放过；防范措施没有落实不放过。

第二节　施工现场安全标志

建筑施工现场环境复杂，安全标志具有举足轻重的作用，适时适地悬挂适用的安全标志，使作业人员增强了安全意识，时刻敲响安全警钟，对预防建筑施工可能发生的安全事故起到积极的重要作用。

一、安全色

所谓安全色，是指用以传递安全信息含义的颜色，包括红、蓝、黄、绿四种颜色。

（1）红色。用以传递禁止、停止、危险或者提示消防设备、设施的信息，如禁止标志等。

（2）蓝色。用以传递必须遵守规定的指令性信息，如指令标志等。

（3）黄色。用以传递注意、警告的信息，如警告标志等。

（4）绿色。用以传递安全的提示信息，如提示标志、车间内或工地内的安全通道等。

安全色普遍适用于公共场所、生产经营单位和交通运输、建筑、仓储等行业以及消防等领域所使用的信号和标志的表面颜色。但是不适用于灯光信号和航海、内河航运以及其他目的而使用的颜色。对比色使用时，黑色用于安全标志的文字、图形符号和警告标志的几何图形；白色作为安全标志红、蓝、绿色的背景色，也可用于安全标志的文字和图形符号；红色和白色、黄色和黑色间隔条纹，是两种较醒目的标示；红色与白色交替，表示禁止越过，如道路及禁止跨越的临边防护栏杆等；黄色与黑色交替，表示警告危险，如防护栏杆、吊车吊钩的滑轮架等。

二、安全标志

安全标志是由安全色、几何图形和图形符号构成的，用来表达特定安全信息的标记，分为禁止标志、警告标志、指令标志和提示标志四类。

1. 禁止标志

禁止标志的含义是禁止人们的不安全行为。基本形式是红色带斜杠的圆边框，图形是黑色，背景是白色。例如：

禁止吸烟　　　　　禁止跨越　　　　　禁止饮用

2. 警告标志

警告标志的含义是提醒人们对周围环境引起注意，以避免可能发生的危险。基本形式是黑色正三角形边框，图形是黑色，背景是黄色。例如：

当心触电　　　　　　当心火灾　　　　　　注意安全

3. 指令标志

指令标志的含义是强制人们必须做出某种动作或采取防范措施。基本形式是圆形，图形是白色，背景是蓝色。例如：

必须戴防尘口罩　　　必须系安全带　　　必须戴安全帽

4. 提示标志

提示标志的含义是向人们提供某种信息（如标明安全设施或场所等）。基本形式是矩形边框，图形文字是白色，背景是绿色。例如：

紧急出口　　　　　　避险处　　　　　　可动火区

安全标志一般设在醒目的地方，人们看到后有足够的时间来注意它所表示的内容。不能设在门、窗、架子等可移动的物体上，因为这些物体位置移动后安全标志就起不到作用了。

三、建筑施工安全标志设置

1. 建筑施工常见安全标志

（1）施工现场醒目处设置注意安全、禁止吸烟、必须系安全带、必须戴安全帽、必须穿防护服等标志。

（2）施工现场及道路坑、沟、洞处设置当心坑洞标志。

（3）施工现场较宽的沟、坑及高空分离处设置禁止跨越标志。

（4）未固定设备、未经验收合格的脚手架及未安装牢固的构件设置禁止攀登、禁止架梯等标志。

（5）吊装作业区域设置警戒标识线并设置禁止通行、禁止入内、禁止停留、当心吊物、当心落物、当心坠落等标志。

（6）高处作业、多层作业下方设置禁止通行、禁放易燃物、禁止停留等标志。

（7）高处通道及地面安全通道设置安全通道标志。

（8）高处作业位置设置必须系安全带、禁止抛物、当心坠落、当心落物等标志。

（9）梯子入口及高空梯子通道设立注意安全、当心滑跌、当心坠落等标志。

（10）电源及配电箱设置当心触电等标志。

（11）电器设备试验、检验或接线操作，设置有人操作，禁止合闸等标志。

（12）临时电缆（地面或架空）设置当心电缆标志。

（13）氧气瓶、乙炔瓶存放点，设置禁止烟火、当心火灾等标志。

（14）仓库及临时存放易燃易爆物品地点设置禁止吸烟、禁止火种等标志。

（15）射线作业按规定设置安全警戒标识线，并设置当心电离辐射标志。

（16）滚板、剪板等机械设备设立当心设备伤人、注意安全等标志。

（17）施工道路设立当心车辆及其他限速、限载等标志。

（18）施工现场及办公室设置火灾报警电话标志。

（19）施工现场"五临边"作业处应设置防护栏杆并设置当心滑跌、当心坠落等标志。

（20）紧急集合点标志。

2. 建筑施工现场安全警示牌的设置要求

（1）现场存在安全风险的重要部位和关键岗位必须设置能提供相应安全信息的安全警示牌。根据有关规定，现场出入口、施工起重机械、临时用电设施、脚手架、通道口、楼梯口、孔洞、基坑边沿、爆炸物及有毒有害物质存放处等属于存在安全风险的重要部位，应当设置明显的安全警示标牌。例如，在爆炸物及有毒有害物质存放处设禁止烟火等禁止标志；在木工圆锯旁设置当心伤手等警告标志；在通道口处设置安全通道等提示标志。

（2）安全警示牌应设置在所涉及的相应危险地点或设备附近的最容易被观察到的地方。

（3）安全警示牌应设置在明亮的、光线充足的环境中，如在应设置标志牌的位置附近光线较暗，则应考虑增加辅助光源。

（4）安全警示牌应牢固地固定在依托物上，不能产生倾斜、卷翘、摆动等现象，高度尽量与人眼的视线高度相一致。

（5）安全警示牌不得设置在门、窗、架等可移动的物体上，警示牌的正面或其邻近不得有妨碍人们视读的固定障碍物，并尽量避免经常被其他临时性物体所遮挡。

（6）多个安全警示牌在一起布置时，应按警告、禁止、指令、提示类型的顺序，先左后右、先上后下进行排列。各标志牌之间的距离至少应为标志牌尺寸的0.2倍。

（7）有触电危险的场所，应选用由绝缘材料制成的安全警示牌。

（8）室外露天场所设置的消防安全标志宜选用由反光材料或自发光材料制成的警示牌。

（9）对有防火要求的场所，应选用由不燃材料制成的安全警示牌。

（10）现场布置的安全警示牌应进行登记造册，并绘制安全警示牌布置总平面图，按图进行布置，如布置的点位发生变化，应及时更新。

（11）现场布置的安全警示牌未经允许任何人不得私自进行挪动、移位、拆除或更换。

（12）施工现场应加强对安全警示牌布置情况的检查，发现有破损、变形、褪色等情况时，应及时进行修整或更换。

第三节　职业病防治

一、职业病

一般被认定为职业病，应具备下列三个条件：该疾病应与工作场所的职业性有害因素密切有关；所接触的有害因素的剂量（浓度或强度）无论过去或现在，都足可导致疾病的发生；必须区别职业性与非职业性病因所起的作用，而前者的可能性必须大于后者。

《中华人民共和国职业病防治法》将职业病定义为：企业、事业单位和个体经济组织（又称为用人单位）的劳动者在职业活动中，因接触粉尘、放射性物质或其他有毒、有害物质等因素而引起的疾病。

国家卫生和计划生育委员会、国家安全生产监督管理总局、人力资源和社会保障部及全国总工会于 2013 年 12 月 23 日下发并实施了《职业病分类和目录》。新目录规定的法定职业病为 10 类 132 种。

二、建筑施工常见职业病防治措施

1. 建筑施工最常见的职业危害

（1）油漆作业。油漆作业的主要职业危害是吸入有机溶剂蒸气。各种漆都是由成膜物质（各种树脂）、溶剂、颜料、干燥剂、添加剂组成。普通油漆通常用汽油作溶剂，环氧铁红底漆含少量二甲苯，浸漆主要含甲苯，也有少量苯。喷漆（硝基漆）及其稀释剂（香蕉水）中含多量苯或甲苯、二甲苯，在无防护情况下从事喷漆工作，作业场所空气中苯浓度相当高，对喷漆工人危害极大。

（2）水泥生产、使用。吸入水泥粉尘可引起水泥尘肺。水泥遇水或汗液，能生成氢氧化钙等碱性物质，刺激皮肤引起皮炎，进入眼内引起结膜炎、角膜炎。

（3）石棉肺。石棉是镁、铁及部分钙、钠的含水硅酸盐所形成，具有纤维状结构的一类矿物的总称。吸入这类粉尘所引起的尘肺称为石棉肺。石棉是公认的致癌物，接触石棉的工人肺癌死亡率显著增高，尤其是接触石棉同时又吸烟者更为明显。一般人群中极少见的恶性肿瘤皮间瘤，在接触石棉的人群中较多发生。

石棉肺尚无特殊治疗方法，应以预防为主。

（4）机械振动和噪声的危害。机械振动病是长期接触生产性振动所引起的职业性危害，包括局部振动病和全身振动病。局部振动病是由于局部肢体（主要为手）长期接受强烈振动，而引起的以肢端血管痉挛、上肢周围神经末梢感觉障碍及骨关节骨质改变为主要表现的职业病。全身振动除对前庭功能影响出现协调性减低的表现，还可引起植物神经症状及内脏移位，对于孕妇可能引起流产。

机械性噪声是由机械的撞击、摩擦和转动而产生的，电锯、锻锤等产生的噪声均属此类。对噪声性耳聋目前还没有有效的治疗方法，故早期进行听力保护，加强预防措施至关重要。

（5）高温环境的危害。夏季在建筑工地的露天作业中，除受太阳的辐射作用外，还接受被加热的地面和周围物体放出的辐射线。露天作业中的热辐射强度较低，但作业的持续时间较长，加之中午前后气温升高，形成高温、热辐射的作业环境。

中暑是高温环境下发生的一类疾病的总称。中暑的发生与周围环境温度有密切关系，一般当气温超过人体表面温度时，即有发生中暑的可能。但高温不是唯一的致病因素，生产场所的其他气象条件，如湿度、气流和热辐射也与中暑有直接关系。

2. 建筑施工常见职业病预防控制措施

（1）各种粉尘引起的尘肺病预防控制措施。

作业场所防护措施：加强水泥等易扬尘材料的存放处、使用处的扬尘防护，任何人不得随意拆除，在易扬尘部位设置警示标志。

个人防护措施：落实相关岗位的持证上岗，给施工作业人员提供扬尘防护口罩，杜绝施工操作人员超时工作。

检查措施：在检查项目工程安全的同时，检查工人作业场所的扬尘防护措施的落实，检查个人扬尘防护措施的落实，每月不少于一次，并指导施工作业人员减少扬尘的操作方法和技巧。

（2）电焊工尘肺、眼病的预防控制措施。

作业场所防护措施：为电焊工提供通风良好的操作空间。

个人防护措施：电焊工必须持证上岗，作业时佩戴有害气体防护口罩、眼睛防护罩，杜绝违章作业，采取轮流作业，杜绝施工操作人员超时工作。

检查措施：在检查项目工程安全的同时，检查落实工人作业场所的通风情况，个人防护用品的佩戴，落实8小时工作制，及时制止违章作业。

（3）直接操作振动机械引起的手臂振动病的预防控制措施。

作业场所防护措施：在作业区设置防职业病警示标志。

个人防护措施：机械操作工要持证上岗，提供振动机械防护手套，延长换班休息时间，杜绝作业人员超时工作。

检查措施：在检查工程安全的同时，检查落实警示标志的悬挂，工人持证上岗，防震手套佩戴，工作时间不超时等情况。

（4）油漆工、粉刷工接触有机材料散发不良气体引起的中毒预防控制措施。

作业场所防护措施：加强作业区的通风排气措施。

个人防护措施：相关工种持证上岗，给作业人员提供防护口罩，采取轮流作业，杜绝作业人员超时工作。

检查措施：在检查工程安全的同时，检查落实作业场所的良好通风，工人持证上岗，佩戴口罩，工作时间不超时，并指导提高中毒事故中职工救人与自救的能力。

（5）接触噪声引起的职业性耳聋的预防控制措施。

作业场所防护措施：在作业区设置防职业病警示标志，对噪声大的机械加强日常保养和维护，减少噪声污染。

个人防护措施：为施工操作人员提供劳动防护耳塞，采取轮流作业，杜绝施工操作人员的超时工作。

检查措施：在检查工程安全的同时，检查落实作业场所的降噪声措施，工人佩戴防护耳塞，工作时间不超时。

（6）长期超时、超强度工作，精神长期过度紧张造成相应职业病的预防控制措施。

作业场所防护措施：提高机械化施工程度，减小工人劳动强度，为职工提供良好的生活、休息、娱乐场所，加强施工现场的文明施工。

个人防护措施：不盲目抢工期，即使抢工期也必须安排充足的人员能够按时换班作业，采取 8 小时作业换班制度，及时发放工人工资，稳定工人情绪。

检查措施：工人劳动强度适宜，文明施工，工作时间不超时，工人工资发放及时。

（7）高温中暑的预防控制措施。

作业场所防护措施：在高温期间，为职工备足饮用水或绿豆汤、防中暑药品、器材。

个人防护措施：减少工人工作时间，尤其是延长中午休息时间。

检查措施：夏季施工，在检查工程安全的同时，检查落实饮水、防中暑物品的配备，工人劳逸适宜，并指导提高中暑情况发生时职工救人与自救的能力。

第四章   个人劳动防护用品使用常识

建筑施工作业环境复杂，露天交叉作业多、手工操作多，正确使用、佩戴个人劳动防护用品，是减少和防止事故发生的重要措施。劳动防护用品是指由生产经营单位为从业人员配备的，使其在劳动过程中免遭或者减轻事故伤害及职业危害的个人防护装备。

第一节   劳动防护用品的分类与管理

一、劳动防护用品的分类

（1）按照用途以及防护部位，劳动防护用品可以分成以下种类。

1）以防止伤亡事故为目的的防护用品，包括：

防坠落用品，如安全带、安全网等。

防冲击用品，如安全帽、防冲击护目镜等。

防触电用品，如绝缘服、绝缘鞋、等电位工作服等。

防机械外伤用品，如防刺、割、绞碾、磨损用的防护服、鞋、手套等。

防酸碱用品，如耐酸碱手套、防护服和靴等。

耐油用品，如耐油防护服、鞋和靴等。

防水用品，如胶制工作服、雨衣、雨鞋和雨靴、防水保险手套等。

防寒用品，如防寒服、鞋、帽、手套等。

2）以预防职业病为目的的防护用品，包括：

防尘用品，如防尘口罩、防尘服等。

防毒用品，如防毒面具、防毒服等。

防放射性用品，如防放射性服、铅玻璃眼镜等。

防热辐射用品，如隔热防护服、防辐射隔热面罩、电焊手套、有机防护眼镜等。

防噪声用品，如耳塞、耳罩、耳帽等。

3）以人体防护部位分类，包括：

头部防护用品，如防护帽、安全帽、防寒帽、防昆虫帽等。

呼吸器官防护用品，如防尘口罩（面罩）、防毒口罩（面罩）等。

眼面部防护用品，如焊接护目镜、炉窑护目镜、防冲击护目镜等。

手部防护用品，如一般防护手套、各种特殊防护（防水、防寒、防高温、防振）手套、绝缘手套等。

足部防护用品，如防尘、防水、防油、防滑、防高温、防酸碱、防振鞋（靴）及电绝缘鞋（靴）等。

躯干防护用品，通常称为防护服，如一般防护服、防水服、防寒服、防油服、防电磁辐射服、隔热服、防酸碱服等。

（2）劳动防护用品还可以分为特种劳动防护用品与一般劳动防护用品。特种劳动防护用品是指使劳动者在劳动过程中预防或减轻严重伤害和职业危害的劳动防护用品，一般劳动防护用品是指除特种劳动防护用品以外的防护用品。

二、使用劳动防护用品的注意事项

在工作场所必须按照要求佩戴和使用劳动防护用品。劳动防护用品是根据生产工作的实际需要发给个人的，每个职工在生产工作中都要好好地应用，以达到预防事故、保障个人安全的目的。使用劳动防护用品要注意的问题有：

（1）选择防护用品应针对防护目的，正确选择符合要求的用品，绝不能错选或将就使用，以免发生事故。

（2）对使用防护用品的人员应进行教育和培训，使其能充分了解使用目的和意义，并正确使用。对于结构和使用方法较为复杂的用品，如呼吸防护器，应进行反复训练，使人员能熟练使用。用于紧急救灾的呼吸器，要定期严格检验，并妥善存放在可能发生事故的地点附近，方便取用。

（3）要妥善维护保养防护用品，不但能延长其使用期限，更重要的是要保证用品的防护效果。耳塞、口罩、面罩等用后应用肥皂、清水洗净，并用药液消毒、晾干。过滤式呼吸防护器的滤料要定期更换，以防失效。防止皮肤污染的工作服用后应集中清洗。

（4）防护用品应有专人管理，负责维护保养，保证劳动防护用品充分发挥其作用。

三、建筑施工劳动防护用品的配备与管理

根据《建筑施工人员个人劳动保护用品使用管理暂行规定》（建质〔2007〕255 号），建筑施工个人劳动保护用品，是指在建筑施工现场，从事建筑施工活动的人员使用的安全帽、安全带以及安全（绝缘）鞋、防护眼镜、防护手套、防尘（毒）口罩等。劳动防护用品的发放和管理，坚持"谁用工，谁负责"的原则，由用人单位为作业人员按作业工种配备。施工作业人员所在企业必须按国家规定免费发放劳动防护用品，更换已损坏或已到使用期限的劳动防护用品，不得收取或变相收取任何费用。

劳动防护用品必须以实物形式发放，不得以货币或其他物品替代。企业采购、个人使用的安全帽、安全带及其他劳动防护用品等，必须符合《安全帽》（GB 2811—2007）、《安全带》（GB 6095—2009）及其他劳动防护用品相关国家标准的要求。企业、施工作业人员，不得采购和使用无安全标记或不符合国家相关标准要求的劳动防护用品。

第二节 施工作业劳动防护用品配备的规定

一、基本规定

从事施工作业人员必须配备符合国家现行有关标准的劳动防护用品，并应按规定正确使用。

进入施工现场人员必须佩戴安全帽。作业人员必须戴安全帽、

穿工作鞋和工作服，应按作业要求正确使用劳动防护用品。在2米及以上的无可靠安全防护设施的高处、悬崖和陡坡作业时，必须系挂安全带。

从事机械作业的女工及长发者应配备工作帽等个人防护用品。

从事登高架设作业、起重吊装作业的施工人员应配备防止滑落的劳动防护用品，应为从事自然强光环境下作业的施工人员配备防止强光伤害的劳动防护用品。

从事施工现场临时用电工程作业的施工人员应配备防止触电的劳动防护用品。

从事焊接作业的施工人员应配备防止触电、灼伤、强光伤害的劳动防护用品。

从事锅炉、压力容器、管道安装作业的施工人员应配备防止触电、强光伤害的劳动防护用品。

从事防水、防腐和油漆作业的施工人员应配备防止触电、中毒、灼伤的劳动防护用品。

从事基础施工、主体结构施工、屋面施工、装饰装修作业人员应配备防止身体、手足、眼部等受到伤害的劳动防护用品。

冬期施工期间或作业环境温度较低时，应为作业人员配备防寒类防护用品。

雨期施工期间应为室外作业人员配备雨衣、雨鞋等个人防护用品。对环境潮湿及水中作业的人员应配备相应的劳动防护用品。

二、施工作业各工种劳动防护用品的配备规定

（1）架子工、起重吊装工、信号指挥工的劳动防护用品配备应符合下列规定：

架子工、塔式起重机操作人员；起重吊装工应配备灵便紧口的工作服、系带防滑鞋和工作手套。

信号指挥工应配备专用标志服装。在自然强光环境条件作业时，应配备有色防护眼镜。

（2）电工的劳动防护用品配备应符合下列规定：

维修电工应配备绝缘鞋、绝缘手套和灵便紧口的工作服。安装电工应配备手套和防护眼镜。高压电气作业时，应配备相应等级的绝缘鞋、绝缘手套和有色防护眼镜。

（3）电焊工、气割工的劳动防护用品配备应符合下列规定：

电焊工、气割工应配备阻燃防护服、绝缘鞋、鞋盖、电焊手套和焊接防护面罩。在高处作业时，应配备安全帽与面罩连接式焊接防护面罩和阻燃安全带。

从事清除焊渣作业时，应配备防护眼镜。

从事磨削钨极作业时，应配备手套、防尘口罩和防护眼镜。

从事酸碱等腐蚀性作业时，应配备防腐蚀性工作服、耐酸碱胶鞋，戴耐酸碱手套、防护口罩和防护眼镜。

在密闭环境或通风不良的情况下，应配备送风式防护面罩。

（4）锅炉、压力容器及管道安装工的劳动防护用品配备应符合下列规定：

锅炉及压力容器安装工、管道安装工应配备紧口工作服和保护足趾安全鞋。在强光环境条件下作业时，应配备有色防护眼镜。

在地下或潮湿场所，应配备紧口工作服、绝缘鞋和绝缘手套。

（5）油漆工在从事涂刷、喷漆作业时，应配备防静电工作服、防静电鞋、防静电手套、防毒口罩和防护眼镜；从事砂纸打磨作业时，应配备防尘口罩和密闭式防护眼镜。

（6）普通工从事淋灰、筛灰作业时，应配备高腰工作鞋、鞋盖、手套和防尘口罩，应配备防护眼镜；从事抬、扛物料作业时，应配备垫肩；从事人工挖扩桩孔井下作业时，应配备雨靴、手套和安全绳；从事拆除工程作业时，应配备保护足趾安全鞋、手套。

（7）混凝土工应配备工作服、系带高腰防滑鞋、鞋盖、防尘口罩和手套，宜配备防护眼镜；从事混凝土浇筑作业时，应配备胶鞋和手套；从事混凝土振捣作业时，应配备绝缘胶靴、绝缘手套。

（8）瓦工、砌筑工应配备保护足趾安全鞋、胶面手套和普通工作服。

抹灰工应配备高腰布面胶底防滑鞋和手套，宜配备防护眼镜。

木工从事机械作业时，应配备紧口工作服、防噪声耳罩和防尘口罩，宜配备防护眼镜。

钢筋工应配备紧口工作服、保护足趾安全鞋和手套。从事钢筋除锈作业时，应配备防尘口罩，宜配备防护眼镜。

（9）防水工的劳动防护用品配备应符合下列规定：

从事涂刷作业时，应配备防静电工作服、防静电鞋和鞋盖、防护手套、防毒口罩和防护眼镜。

从事沥青熔化、运送作业时，应配备防烫工作服、高腰布面胶底防滑鞋和鞋盖、工作帽、耐高温长手套、防毒口罩和防护眼镜。

（10）玻璃工应配备工作服和防切割手套；从事打磨玻璃作业时，应配备防尘口罩，宜配备防护眼镜。司炉工应配备耐高温工作服、保护足趾安全鞋、工作帽、防护手套和防尘口罩，宜配备防护眼镜；从事添加燃料作业时，应配备有色防冲击眼镜。

（11）电梯安装工、起重机械安装拆卸工从事安装、拆卸和维修作业时，应配备紧口工作服、保护足趾安全鞋和手套。

第三节　常用的个人劳动防护用品使用常识

一、安全帽

建设施工现场上，工人们所佩戴的安全帽主要是为了保护头部不受到伤害或降低头部伤害的程度。

1. 安全帽的组成

安全帽由帽壳、帽衬、下颏带、后箍、标识等组成。

（1）帽壳。包括帽舌、帽檐、顶筋、透气孔、插座、拴衬带孔及下颏带挂座等。

（2）帽衬。帽壳内部部件的总称。包括帽箍、顶带、护带、托带、吸汗带、缓冲垫、衬带等。

（3）下颏带。系在下颏上的带子。

（4）后箍。在帽箍后部加有可调节的箍。

每顶安全帽的标识由永久标识和产品说明组成。永久性标识必须包括：

（5）标识

1）标准编号。

2）制造厂名。

3）生产日期（年、月）。

4）产品名称。

5）产品的特殊性能（如果有）。

2. 安全帽使用注意事项

（1）戴安全帽前应将帽后调整带按自己头型调整到适合的位置，然后将帽内弹性带系牢。缓冲衬垫的松紧由带子调节，人的头顶和帽体内顶部的空间垂直距离一般在 25～50 毫米之间，至少不要小于 32 毫米为好。这样才能保证遭受到冲击时，帽体有足够的空间可供缓冲，平时也有利于头和帽体间的通风。

（2）不要把安全帽歪戴，也不要把帽檐戴在脑后方。否则，会降低安全帽对于冲击的防护作用。

（3）安全帽的下颏带必须扣在颏下，并系牢，松紧要适度。这样不致被大风吹掉，或者是被其他障碍物碰掉，或者由于头的前后摆动，使安全帽脱落。

（4）安全帽体顶部除了在帽体内部安装了帽衬外，有的还开了小孔通风。但在使用时不要为了透气而随便再行开孔。因为这样做将会使帽体的强度降低。

（5）由于安全帽在使用过程中，会逐渐损坏。所以要定期检查，检查有没有龟裂、下凹、裂痕和磨损等情况，发现异常现象要立即更换，不准再继续使用。任何受过重击、有裂痕的安全帽，不论有无损坏现象，均应报废。

（6）严禁使用只有下颏带与帽壳连接的安全帽，也就是帽内无缓冲层的安全帽。

（7）施工人员在现场作业中，不得将安全帽脱下，搁置一旁，或当坐垫使用。

（8）由于安全帽大部分是使用高密度低压聚乙烯塑料制成，具有硬化和变脆的性质。所以不宜长时间在阳光下暴晒。

（9）新领的安全帽，首先检查是否有劳动部门允许生产的证明及产品合格证，再看是否破损、薄厚不均，缓冲层及调整带和弹性带是否齐全有效。不符合规定要求的立即调换。

（10）在现场室内作业也要戴安全帽，特别是在室内带电作业时，更要认真戴好安全帽，因为安全帽不但可以防碰撞，而且还能起到绝缘作用。

（11）平时使用安全帽时应保持整洁，不能接触火源，不要任意涂刷油漆，不准当凳子坐，防止丢失。如果丢失或损坏，必须立即补发或更换。无安全帽一律不准进入施工现场。

[**事故案例**]

2003年12月1日中午11时30分左右，嘉兴市通用水泥构件有限公司起重操作工陈某与吴某两人在进行行车吊装水泥沟管作业。陈某用无线遥控操作行车运行，挂钩工吴某负责水泥沟管吊装。当行车吊装水泥沟管离地约20厘米时，沟管出现摆动，碰撞陈某小腿，致使陈某后仰倒下，头部撞到身后堆放的水泥沟管内，经员工用厂车立即送县第一人民医院，抢救无效死亡。

事故直接原因是该公司职工陈某上岗作业，未经行车操作培训，未取得有效特种作业操作证件；并在作业过程中，未佩戴安全帽等，注意力不集中，当起吊物出现摆动时，对周围状况估计不足，采取措施不当，致使沟管碰撞本人小腿后仰倒地，头部撞到身后堆放的水泥沟管内，救治无效死亡。

二、安全带

为了防止作业者在某个高度和位置上可能出现的坠落，作业者在登高和高处作业时，必须系挂好安全带。安全带的使用和维护注意事项如下：

（1）必须重视安全带的作用。无数事例证明，安全带是"救命带"。可是有少数人觉得系安全带麻烦，上下行走不方便，特别是一些小活、临时活，认为"有扎安全带的时间活都干完了"。殊不知，事故发生就在一瞬间，所以高处作业必须按规定要求系好安全带。

（2）安全带使用前应检查绳带有无变质，卡环是否有裂纹，卡簧弹跳性是否良好。

（3）高处作业如安全带无固定挂处，应采用适当强度的钢丝绳或采取其他方法。禁止把安全带挂在移动或带尖锐棱角或不牢固的物件上。

（4）高挂低用。将安全带挂在高处，人在下面工作就叫高挂低用。这是一种比较安全合理的科学系挂方法。它可以使有坠落发生时的实际冲击距离减小。与之相反的是低挂高用。就是安全带拴挂在低处，而人在上面作业。这是一种很不安全的系挂方法，因为当坠落发生时，实际冲击的距离会加大，人和绳都要受到较大的冲击负荷。所以安全带必须高挂低用，杜绝低挂高用。

（5）安全带要拴挂在牢固的构件或物体上，要防止摆动或碰撞，绳子不能打结使用，钩子要挂在连接环上。

（6）安全带绳保护套要保持完好，以防绳被磨损。若发现保护套损坏或脱落，必须加上新套后再使用。

（7）安全带严禁擅自接长使用。如果使用 3 米及以上的长绳时必须要加缓冲器，各部件不得任意拆除。

（8）安全带在使用前要检查各部位是否完好无损。安全带在使用后，要注意维护和保管。要经常检查安全带缝制部分和挂钩部分，必须详细检查捻线是否发生裂断和残损等。

（9）安全带不使用时要妥善保管，不可接触高温、明火、强酸、强碱或尖锐物体，不要存放在潮湿的仓库中保管。

（10）安全带在使用两年后应抽验一次，频繁使用应经常进行外观检查，发现异常必须立即更换。定期或抽样试验用过的安全带，不准再继续使用。

［**事故案例**］

2010 年 6 月 1 日，自然人黎某某、林某某等 8 人在某工地一号楼大门位置给业主黄某铺装大理石。当天下午 5 时许，林某某和工友在 3 米高脚手架上装好了大门上方从左往右数第二格的大理石，两人准备将铺在竹排栅上的木板抬到第三格。在工友弯腰伸手抬木板时，林某突然失足从脚手架摔落到地面，导致头部受伤。后经医院救治无效死亡。安装工人林某某安全意识淡薄，在高处进行大理石安装作业时，未佩戴安全帽、未系安全带，失足从高处坠落地面导致死亡，是事故发生的直接原因。另外，物业承租人黄某某将大门装修工程发包给没有建筑施工资质的人员进行装修施工，同时没有对装修施工的现场进行有效监管，没有及时消除事故隐患，是导致事故发生的间接原因。

三、防护眼镜

防护眼镜又称劳保眼镜，主要作用是防护眼睛和面部免受紫外线、红外线和微波等电磁波的辐射，粉尘、烟尘、金属和砂石碎屑以及化学溶液溅射的损伤。建筑施工现场使用的防护眼镜主要有两种，一种是防固体碎屑的防护眼镜，主要用于防止金属或砂石碎屑等对眼睛的机械损伤；另一种是防辐射的防护眼镜，用于防止过强的紫外线等辐射线对眼睛的危害。防护眼镜和面罩的使用应注意以下事项：

（1）选用具有产品合格证的产品。

（2）护目镜的宽窄和大小要适合使用者的脸型。

（3）镜片磨损粗糙、镜架损坏，会影响操作人员的视力，应及时调换。

（4）护目镜要专人使用，防止交叉传染眼病。

（5）焊接护目镜的滤光片和保护片要按作业需要选用和更换。

（6）防止重摔重压，防止坚硬的物体磨损镜片。

四、安全防护鞋

安全防护鞋的选用应根据工作环境的危害性质和危害程度进行。安全防护鞋应有产品合格证和产品说明书。使用前应对照使用的条件阅读说明书，使用方法要正确。建筑施工现场上常用的有绝缘鞋（靴）、防刺穿鞋、焊接防护鞋、耐酸碱橡胶靴及皮安全鞋等。安全防护鞋的选择和使用应符合下列要求：

（1）安全防护鞋除了须根据作业条件选择适合的类型外，还要挑选合适的鞋号。

（2）各种不同性能的安全防护鞋，要达到各自防护性能的技术指标，如脚趾不被砸伤，脚底不被刺伤，绝缘或导电等要求。

（3）使用安全防护鞋前要认真检查或测试，在电气和酸碱作业中，破损和有裂纹的安全防护鞋都是有危险的。

（4）用后应检查并保持清洁，存放于无污染、干燥的地方。

五、防护手套

施工现场上人的一切作业，大部分都是由双手操作完成的。对手的安全防护主要靠手套。使用防护手套时，必须对工件、设备及作业情况分析之后，选择适当材料制作的、操作方便的手套，方能起到保护作用。

1. 施工现场上常用的防护手套的种类

（1）劳动保护手套。具有保护手和手臂的功能，作业人员工作时一般都使用这类手套。

（2）带电作业用绝缘手套。要根据电压选择适当的手套，检查表面有无裂痕、发黏、发脆等缺陷，如有异常禁止使用。

（3）耐酸、耐碱手套。主要用于接触酸和碱时戴的手套。

（4）橡胶耐油手套。主要用于接触矿物油、植物油及脂肪族的各种溶剂作业时戴的手套。

（5）焊工手套。电、气焊工作业时戴的防护手套，应检查皮革或帆布表面有无僵硬、磨损、洞眼等残缺现象，如有缺陷，不准使用。手套要有足够的长度，手腕部不能裸露在外边。

2. 防护手套的选用和使用的注意事项

（1）防护手套的品种很多，首先应明确防护对象，根据防护功能来选用，切记不要误用。

（2）耐酸、耐碱手套使用前应仔细检查表面是否有破损，采取简易办法是向手套内吹口气，用手捏紧套口，观察是否漏气，漏气则不能使用。

（3）绝缘手套要根据电压等级选用，使用前应检查表面有无划痕、发黏、发脆等缺陷，如有异常则禁止使用。

（4）焊工手套应有足够的长度，使用前应检查皮革或帆布表面有无僵硬、磨损、洞眼等残缺现象。

（5）橡胶、塑料等防护手套用后应冲洗干净、晾干并撒上滑石粉以防粘连，保存时避免高温。

第五章　施工现场临时用电安全常识

施工现场由于用电设备种类多、电容量大、工作环境不固定、露天作业、临时使用的特点，在电气线路的敷设、电气元件及电缆的选配、电路的设置等方面容易存在短期行为。很多人在具体操作使用过程中，存在不按标准规范操作的现象，相当多的施工人员对电的特性不了解，对电的危险性认识不足，没有安全用电的基本知识，不懂临时施工用电的规范。触电造成的伤亡事故是建筑施工现场的多发事故之一。因此，凡进入施工现场的每一个人员必须高度重视安全用电工作，掌握必备的电气安全技术知识。

第一节　电气安全基本常识

建筑施工现场的电工、电焊工属于特种作业工种，必须按国家有关规定经专门安全技术培训，取得特种作业操作资格证书，方可上岗作业。其他用电人员必须通过相关安全教育培训和技术交底，考核合格后方可上岗工作。安装、巡检、维修或拆除临时用电设备和线路，必须由电工完成，并应有人监护。

一、一般规定

（1）建筑施工现场配电系统应设置配电柜或总配电箱、分配电箱、开关箱，实行三级配电。

（2）施工现场的用电设备必须实行"一机、一闸、一漏、一箱"制，即每台用电设备必须有自己专用的开关箱，严禁用同一个开关箱直接控制2台及2台以上用电设备（含插座）。

（3）在建工程不得在外电架空线路正下方施工、搭设作业棚、建造生活设施或堆放构件、架具、材料及其他杂物等。

（4）在宿舍工棚、仓库、办公室内严禁使用电饭煲、电水壶、电炉、电热杯等较大功率电器。如需使用，应由项目部安排专业电工在指定地点，安装可使用较高功率电器的电气线路和控制器。

（5）严禁在宿舍内乱拉乱接电源，非专职电工不准乱接或更换熔丝，不准以其他金属丝代替熔丝（保险丝）。严禁在电线上晾衣服和挂其他东西。

（6）搬运较长的金属物体，如钢筋、钢管等材料时，应注意不要碰触到电线。

（7）在邻近输电线路的建筑物上作业时，不能往下扔金属类杂物；更不能触摸、拉动电线或电线接触钢丝和电杆的拉线。

（8）移动金属梯子和操作平台时，要观察高处输电线路与移动物体的距离，确认有足够的安全距离，再进行作业。

（9）在地面或楼面上运送材料时，不要踏在电线上；搬运木工机械等，必须先切断电源，不能带电搬动。

（10）移动有电源线的机械设备，如电焊机、水泵等，必须先切断电源，不能带电搬动。使用移动式用电设备（如振动器、水磨石机、手持式电动工具）的操作者，必须穿绝缘鞋、戴绝缘手套。

（11）当发现电线坠地或设备漏电时，切不可随意跑动和触摸金属物体，并保持 10 米以上距离。

（12）水泵（含潜水泵、一般水泵）接通电源前，水中的一切工作人员必须返回地面，接通电源后严禁一切工作人员下水作业，在确实已经断开电源后方可下水作业。严禁边抽水边作业。若地下水过大时，不能达到上述要求者，必须另行制定切实可行的安全措施才能作业。

二、安全用电基本概念

1. 常用术语

（1）低压。交流额定电压在 1 千伏及以下的电压。

（2）高压。交流额定电压在 1 千伏以上的电压。

（3）外电线路。施工现场临时用电工程配电线路以外的电力线路。

（4）有静电的施工现场。存在因摩擦、挤压、感应和接地不良等而产生对人体和环境有害静电的施工现场。

（5）强电磁波源。辐射波能够在施工现场机械设备上感应产生有害对地电压的电磁辐射体。

（6）接地。设备的一部分为形成导电通路与大地的连接。

（7）工作接地。为了电路或设备达到运行要求的接地，如变压器低压中性点和发电机中性点的接地。

（8）重复接地。设备接地线上一处或多处通过接地装置与大地再次连接的接地。

（9）接地体。埋入地中并直接与大地接触的金属导体。

（10）人工接地体。人工埋入地中的接地体。

（11）自然接地体。施工前已埋入地中，可兼作接地体用的各种构件，如钢筋混凝土基础的钢筋结构、金属井管、金属管道（非燃气）等。

（12）接地线。连接设备金属结构和接地体的金属导体（包括连接螺栓）。

（13）接地装置。接地体和接地线的总和。

（14）接地电阻。接地装置的对地电阻。它是接地线电阻、接地体电阻、接地体与土壤之间的接触电阻和土壤中的散流电阻之和。

接地电阻可以通过计算或测量得到它的近似值，其值等于接地装置对地电压与通过接地装置流入地中电流之比。

（15）工频接地电阻。按通过接地装置流入地中工频电流求得的接地电阻。

（16）冲击接地电阻。按通过接地装置流入地中冲击电流（模拟雷电流）求得的接地电阻。

（17）电气连接。导体与导体之间直接提供电气通路的连接（接触电阻近于零）。

（18）带电部分。正常使用时要被通电的导体或可导电部分，它包括中性导体（中性线），不包括保护导体（保护零线或保护线），按惯例也不包括工作零线与保护零线合一的导线（导体）。

（19）外露可导电部分。电气设备的能触及的可导电部分。它在正常情况下不带电，但在故障情况下可能带电。

（20）触电（电击）。电流流经人体或动物体，使其产生病理生理效应。

（21）直接接触。人体、牲畜与带电部分的接触。

（22）间接接触。人体、牲畜与故障情况下变为带电体的外露可导电部分的接触。

（23）配电箱。一种专门用作分配电力的配电装置，包括总配电箱和分配电箱，如无特指，总配电箱、分配电箱合称配电箱。

（24）开关箱。末级配电装置的通称，亦可兼作用电设备的控制装置。

（25）隔离变压器。指输入绕组与输出绕组在电气上彼此隔离的变压器，用以避免偶然同时触及带电体（或电绝缘损坏而可能带电的金属部件）和大地所带来的危险。

（26）安全隔离变压器。为安全特低电压电路提供电源的隔离变压器。它的输入绕组与输出绕组在电气上至少由相当于双重绝缘或加强绝缘的绝缘隔离开来。它是专门为配电电路、工具或其他设备提供安全特低电压而设计的。

2. 常用代号

（1）DK——电源隔离开关。

（2）H——照明器。

（3）L1、L2、L3——三相电路的三相相线。

（4）M——电动机。

（5）N——中性点、中性线、工作零线。

（6）NPE——具有中性和保护线两种功能的接地线，又称保护中性线。

（7）PE——保护零线，保护线。

（8）RCD——漏电保护器，漏电断路器。

（9）T——变压器。

（10）TN——电源中性点直接接地时电气设备外露可导电部分

通过零线接地的接零保护系统。

（11）TN－C——工作零线与保护零线合一设置的接零保护系统。

（12）TN－C－S——工作零线与保护零线前一部分合一，后一部分分开设置的接零保护系统。

（13）TN－S——工作零线与保护零线分开设置的接零保护系统。

（14）TT——电源中性点直接接地，电气设备外露可导电部分直接接地的接地保护系统，其中电气设备的接地点独立于电源中性点接地点。

（15）W——电焊机。

三、安全电压

安全电压是指50伏以下特定电源供电的电压系列。

安全电压是为防止触电事故而采用的50伏以下特定电源供电的电压系列，分为42伏、36伏、24伏、12伏和6伏五个等级，根据不同的作业条件，选用不同的安全电压等级。

下列特殊场所应使用安全特低电压照明器：

（1）隧道、人防工程、高温、有导电灰尘、比较潮湿或灯具离地面高度低于2.5米等场所的照明，电源电压不应大于36伏。

（2）潮湿和易触及带电体场所的照明，电源电压不得大于24伏。

（3）特别潮湿场所、导电良好的地面、锅炉或金属容器内的照明，电源电压不得大于12伏。

（4）行灯电源电压不大于36伏。

四、电线的相色

1. 正确识别电线的相色

电源线路可分为工作相线（火线）、专用工作零线和专用保护零线。一般情况下，工作相线（火线）带电危险，专用工作零线和专用保护零线不带电（但在不正常情况下，工作零线也可以带电）。

2. 相色规定

相线、N 线、PE 线的颜色标记必须符合以下规定：相线 L1（A）、L2（B）、L3（C）相序的绝缘颜色依次为黄、绿、红色；N 线的绝缘颜色为淡蓝色；PE 线的绝缘颜色为绿/黄双色。任何情况下上述颜色标记严禁混用和互相代用。

五、插座的使用

正确使用与安装插座。

1. 插座分类

常用的插座分为单相双孔、单相三孔和三相三孔、三相四孔等。

2. 选用与安装接线

（1）三孔插座应选用"品字形"结构，不应选用等边三角形排列的结构，因为后者容易发生三孔互换造成触电事故。

（2）插座在电箱中安装时，必须首先固定安装在安装板上，接地极与箱体一起作可靠的 PE 保护。

（3）三孔或四孔插座的接地孔（较粗的一个孔），必须置在顶部位置，不可倒置，两孔插座应水平并列安装，不准垂直并列安装。

（4）插座接线要求。对于两孔插座，左孔接零线，右孔接相线；对于三孔插座，左孔接零线，右孔接相线，上孔接保护零线；对于四孔插座，上孔接保护零线，其他三孔分别接 U、V、W 三根相线。

六、"用电示警"标志

进入施工现场的每个人都必须认真遵守用电管理规定，见到用电示警标志或标牌时，不得随意靠近，更不准随意损坏、挪动标牌。配电柜或配电线路停电维修时，应挂接地线，并应悬挂"禁止合闸、有人工作"停电标志牌。停送电必须由专人负责。

1. 常用的电力标志

颜色：红色。

使用场所：配电房、发电机房、变压器等重要场所。

2. 高压示警标志

颜色：字体为黑色，箭头和边框为红色。

使用场所：高压示警场所。

3. 配电房示警标志

颜色：字体为红色，边框为黑色（或字与边框交换颜色）。

使用场所：配电房或发电机房。

4. 维护检修示警标志

颜色：底为红色、字为白色（或字为红色、底为白色、边框为黑色）。

使用场所：维护检修时相关场所。

5. 其他用电示警标志

颜色：箭头为红色、边框为黑色、字为红色或黑色。

使用场所：其他一般用电场所。

第二节　施工用电安全技术知识

各类用电人员应掌握安全用电基本知识和所用设备的性能，并应符合下列规定：使用电气设备前必须按规定穿戴和配备好相应的劳动防护用品，并应检查电气装置和保护设施，严禁设备带"缺陷"运转；保管和维护所用设备，发现问题及时报告解决；暂时停用设备的开关箱必须分断电源隔离开关，并应关门上锁；移动电气设备时，必须经电工切断电源并做妥善处理后进行。

一、电气线路的安全技术知识

施工现场电气线路全部采用"三相五线制"（TN - S 系统）专用保护接零（PE 线）系统供电。

施工现场架空线必须采用绝缘导线。架空线必须架设在专用电杆上，严禁架设在树木、脚手架及其他设施上。

导线与地面保持足够的安全距离。对于导线与地面最小垂直距离，施工现场应不小于 4 米；机动车道应不小于 6 米；铁路轨道应不小于 7.5 米。无法保证规定的电气安全距离，必须采取防护措施。

如果由于在建工程位置限制而无法保证规定的电气安全距离，必须采取设置防护性遮栏、栅栏，悬挂警告标志牌等防护措施，发生高压线断线落地时，非检修人员要远离落地点 10 米以外，以防跨步电压危害。

为了防止设备外壳带电发生触电事故，设备应采用保护接零，并安装漏电保护器等措施。作业人员要经常检查保护零线连接是否牢固可靠，漏电保护器是否有效。

在电箱等用电危险地方，挂设安全警示牌。如"有电危险""禁止合闸，有人工作"等。

二、照明用电的安全技术知识

施工现场临时照明用电的安全要求如下：

（1）临时照明线路必须使用绝缘导线。户内（工棚）临时线路的导线必须安装在离地 2 米以上的支架上；户外临时线路必须安装在离地 2.5 米以上的支架上，零星照明线不允许使用花线，一般应使用软电缆线。

（2）建设工程的照明灯具宜采用拉线开关。拉线开关距地面高度为 2~3 米，与出、入口的水平距离为 0.15~0.2 米。

（3）严禁在床头设立开关和插座。

（4）电器、灯具的相线必须经过开关控制，不得将相线直接引入灯具，也不允许以电气插头代替开关来分合电路。室外灯具距地面不得低于 3 米；室内灯具不得低于 2.5 米。

（5）使用手持照明灯具（行灯）应符合一定的要求。

1）电源电压不超过 36 伏。

2）灯体与手柄应坚固，绝缘良好，并耐热防潮湿。

3）灯头与灯体结合牢固。

4）灯泡外部要有金属保护网。

5）金属网、反光罩、悬吊挂钩应固定在灯具的绝缘部位上。

（6）照明系统中每一单相回路上，灯具和插座数量不宜超过 25 个，并应装设熔断电流为 15 安以下的熔断保护器。

三、配电箱与开关箱的安全技术知识

施工现场临时用电一般采用三级配电方式，即总配电箱（或配电室），下设分配电箱，再以下设开关箱，开关箱以下就是用电设备。

配电箱和开关箱的使用安全要求如下：

（1）配电箱、开关箱应采用冷轧钢板或阻燃绝缘材料制作，钢板厚度应为 1.2~2.0 毫米，其中开关箱箱体钢板厚度不得小于 1.2 毫米，配电箱箱体钢板厚度不得小于 1.5 毫米，箱体表面应做防腐处理。

（2）电箱、开关箱应安装端正、牢固，不得倒置、歪斜。

固定式配电箱、开关箱的中心点与地面的垂直距离应为 1.4~1.6 米。移动式配电箱、开关箱应装设在坚固、稳定的支架上。其中心点与地面的垂直距离宜为 0.8~1.6 米。

（3）进入开关箱的电源线，严禁用插销连接。

（4）电箱之间的距离不宜太远。

分配电箱与开关箱的距离不得超过 30 米。开关箱与固定式用电设备的水平距离不宜超过 3 米。

（5）每台用电设备应有各自专用的开关箱。

施工现场每台用电设备应有各自专用的开关箱，严禁用同一个开关箱直接控制两台及两台以上用电设备（含插座）。

开关箱中必须设漏电保护器，其额定漏电动作电流应不大于 30 毫安，漏电动作时间应不大于 0.1 秒。

（6）所有配电箱门应配锁，不得在配电箱和开关箱内挂接或插接其他临时用电设备，开关箱内严禁放置杂物。

（7）配电箱、开关箱的接线应由电工操作，非电工人员不得乱接。

（8）在停、送电时，配电箱、开关箱之间应遵守合理的操作顺序：

送电操作顺序：总配电箱→分配电箱→开关箱；

断电操作顺序：开关箱→分配电箱→总配电箱。

正常情况下，停电时首先分断自动开关，然后分断隔离开关；送电时先合隔离开关，然后合自动开关。

（9）使用配电箱、开关箱时，操作者应接受岗前培训，熟悉所使用设备的电气性能和掌握开关的正确操作方法。

（10）及时检查、维修、更换熔断器的熔丝，必须用原规格的熔丝，严禁用铜线、铁线代替。

（11）配电箱的工作环境应经常保持设置时的要求，不得在其周围堆放任何杂物，保持必要的操作空间和通道。

（12）维修机器停电作业时，要与电源负责人联系停电，并悬挂警示标志，卸下熔丝，锁上开关箱。

四、电气安全管理工作中的"十不准"

凡从事电气设备安装、检修、值班运行、调试、线路架设的电工，都必须遵守电气安全管理工作中的"十不准"。

（1）非持证电工不准装接电气设备。

（2）任何人不准擅动电气设备和开关。

（3）破损的电气设备应及时调换，不准使用绝缘损坏的电气设备。

（4）不准利用电热设备和灯光取暖。

（5）设备检修切断电源时，任何人不准启动挂有警告牌的电气设备和合上拔去的熔断器。

（6）不准用水冲洗擦拭电气设备。

（7）熔丝熔断时，不准调换容量不符的熔丝或以其他金属丝替代。

（8）在埋有电缆的地方，不准不办任何手续进行打桩和动土。

（9）发现有人触电时，应立即切断电源，进行抢救。在脱离电源前，不准直接接触触电者。

（10）雷雨天气不准接近避雷器和避雷针。

第三节　触电事故

施工现场的触电事故主要分为电击和电伤两大类，也可分为低压触电事故和高压触电事故。

电击是人体直接接触带电部分，电流通过人体，如果电流达到某一定的数值就会使人体和带电部分相接触的肌肉发生痉挛（抽筋），呼吸困难，心脏麻痹，直到死亡；电击是内伤，是最具有致命危险的触电伤害。

电伤是指皮肤局部的损伤，有灼伤、烙印和皮肤金属化等伤害。

一、触电事故的特点

（1）电压越高，危险性越大。

（2）有一定的季节性，每年的第二、三季度因天气潮湿、多雨、天气炎热，触电事故较多。

（3）低压设备触电事故较多。因施工现场低压设备较多，又被多数人直接使用。

（4）发生在携带式设备和移动式设备上的触电事故多。

（5）在高温、潮湿、混乱或金属设备多的现场中触电事故多。

（6）违章操作和无知操作而触电的事故占绝大多数。

二、触电事故的主要原因

（1）缺乏电气安全知识，自我保护意识淡薄。

（2）违反安全操作规程。

（3）电气设备安装不合格。

（4）电气设备缺乏正常检修和维护。

（5）偶然因素。

三、防止触电的安全技术措施

1. 电气线路的安全技术措施

（1）施工现场电气线路应全部采用"三相五线制"专用保护接零系统。

（2）施工现场架空线采用绝缘铜线。

（3）架空线设在专用电杆上，严禁架设在树木、脚手架上。

（4）导线与地面保持足够的距离。导线与地面最小垂直距离，施工现场应不小于 4 米；机动车道应不小于 6 米；铁路轨道应不小于 7.5 米。

（5）无法保证规定的电气安全距离，必须采取防护措施。如果由于在建工程位置的限制而无法保证规定的电气安全距离，必须采取设置防护性遮栏、栅栏，悬挂警告标志牌等防护措施，发生高压线断线落地时，非检修人员要远离落地点 10 米以外，以防跨步电压危害。

2. 防止触电伤害的十项基本安全操作要求

根据安全用电"装得安全、拆得彻底、用得正确、修得及时"的基本要求，为防止触电伤害，操作要求如下：

（1）非电工严禁拆接电气线路、插头、插座、电气设备、电灯等。

（2）使用电气设备前必须要检查线路、插头、插座、漏电保护装置是否完好。

（3）电气线路或机具发生故障时，应找电工处理，非电工不得自行修理或排除故障。

（4）使用手持电动机械或其他电动机械从事湿作业时，要由电工接好电源，安装上漏电保护器，操作者必须穿戴好绝缘鞋、绝缘手套后再进行作业。

（5）搬迁或移动电气设备必须先切断电源。

（6）搬运钢筋、钢管及其他金属物时，严禁触碰到电线。

（7）禁止在电线上挂晒物料。

（8）禁止使用照明器烘烤、取暖，禁止擅自使用电炉和其他电加热器。

（9）在架空输电线路附近工作时，应停止输电，不能停电时，应有隔离措施，要保持安全距离，防止触碰。

（10）电线必须架空，不得在地面、施工楼面随意乱拖，若必须通过地面、楼面时应有过路保护，物料、车、人不准压踏碾磨电线。

[事故案例]

2005 年 5 月 21 日，某市建筑安装有限公司的分公司 10 名职工在专特电动机生产厂房内进行室内顶棚粉刷作业。作业采用长、宽均为 5.7 米，高 11.25 米，底部设有钢制滚动轮的移动式方形操作平台。19 时 16 分，粉刷队长杨某带领曹某、刘某等 5 人移动操作平台时，平台的无防护胶皮的钢制滚动轮斜向碾压地面放置的电缆线，将电缆绝缘层轧破，致使整个操作平台及还存有 2～3 厘米深养护水的整个地面带电，6 名职工触电。杨某、曹某、刘某 3 人经抢救无效死亡；其他 3 人为轻伤。事故的直接原因是：公司施工人员在移动操作平台时，明知地上有电缆线，未将电缆线电源开关切断，未将电缆移位，未采取防止轧坏电缆的保护措施；野蛮、冒险作业，强行推动操作平台，致使防护胶套已脱落的轮子轧破电缆，造成触电事故。

第四节　手持电动工具安全使用常识

手持电动工具在使用中需要经常移动，其振动较大，比较容易发生触电事故，而且这类设备往往是在工作人员紧握之下运行的，因此，手持电动工具比固定设备具有更大的危险性。

一、手持电动工具的分类

手持电动工具按触电保护分为Ⅰ类工具、Ⅱ类工具和Ⅲ类工具。

1. Ⅰ类工具（即普通型电动工具）

Ⅰ类工具的额定电压超过 50 伏。

Ⅰ类工具在防止触电的保护方面不仅依靠其本身的绝缘，而且必须将不带电的金属外壳与电源线路中的保护零线做可靠连接，这样才能保证工具在基本绝缘损坏时不成为导电体。这类工具外壳一般都是全金属。

2. Ⅱ类工具（即绝缘结构全部为双重绝缘结构的电动工具）

Ⅱ类工具的额定电压超过 50 伏。

Ⅱ类工具在防止触电的保护方面不仅依靠基本绝缘，而且还提供双重绝缘或加强绝缘的附加安全预防措施。这类工具外壳有金属和非金属两种，但手持部分是非金属，非金属处有"回"符号标志。

3. Ⅲ类工具（即特低电压的电动工具）

Ⅲ类工具的额定电压不超过 50 伏。

Ⅲ类工具在防止触电的保护方面依靠安全特低电压供电和在工具内部不产生比安全特低电压高的电压。这类工具外壳均为全塑料。

Ⅱ、Ⅲ两类工具都能保证使用时电气安全的可靠性，不必接地或接零。

二、手持电动工具的安全使用要求

空气湿度小于 75% 的一般场所可选用Ⅰ类或Ⅱ类手持式电动工具，其金属外壳与 PE 线的连接点不得少于 2 处；除塑料外壳Ⅱ类工具外，相关开关箱中漏电保护器的额定漏电动作电流不应大于 15 毫安，额定漏电动作时间不应大于 0.1 秒，其负荷线插头应具备专用的保护触头。

在潮湿场所或金属构架上操作时，必须选用Ⅱ类或由安全隔离变压器供电的Ⅲ类手持式电动工具。狭窄场所必须选用由安全隔离变压器供电的Ⅲ类手持式电动工具，其开关箱和安全隔离变压器均应设置在狭窄场所外面，并连接 PE 线。

手持式电动工具的负荷线应采用耐气候型的橡皮护套铜芯软电缆，并不得有接头。手持式电动工具的外壳、手柄、插头、开关、负荷线等必须完好无损，使用前必须做绝缘检查和空载检查，在绝缘合格、空载运转正常后方可使用。

非专职人员不得擅自拆卸和修理工具。

作业人员使用手持电动工具时，必须按规定穿、戴绝缘防护用品，操作时握其手柄，不得利用电缆提拉。

三、检查、维修

工具在发出或收回时，保管人员必须进行一次日常检查；在使用前，使用者必须进行日常检查。

工具的日常检查至少应包括以下项目：

（1）外壳、手柄有否裂缝和破损。

（2）保护线连接是否正确，牢固可靠。

（3）电源线是否完好无损。

（4）电源插头是否完整无损。

（5）电源开关动作是否正常、灵活，有无缺损、破裂。

（6）机械防护装置是否完好。

（7）工具转动部分是否转动灵活、轻快、无阻滞现象。

（8）电气保护装置是否良好。

工具必须由专职人员按以下规定进行定期检查。

（1）每年至少检查一次。

（2）在湿热和常有温度变化的地区或使用条件恶劣的地方应相应缩短检查周期。

（3）在梅雨季节前应及时检查。

（4）工具的定期检查，还必须测量工具的绝缘电阻。

长期搁置不用的工具，在使用前必须测量绝缘电阻。如果绝缘电阻不符合规定的数值，必须进行干燥处理或维修，经检查合格后，方可使用。

工具如有绝缘损坏、电源线护套破裂、保护线脱落、插头插座裂开或有危及安全的机械损伤等故障时，应立即进行修理，在修复前不得继续使用。

工具的维修必须由专门指定的维修部门进行，同时应配备必要的检验设备或仪器。

使用单位和维修部门不得任意改变工具的原设计参数，不得采用低于原用材料性能的代用材料和与原有规格不符的零部件。

在维修时，工具内的绝缘衬垫、套管不得任意拆除或漏装，工具的电源线不得任意调换。

工具的电气绝缘部分经修理后，必须进行绝缘电阻测量和绝缘耐压试验。

[**事故案例**]

2004 年 8 月 27 日下午，在某隧道施工工地，该工程施工单位某公司向某商行所租赁的拖式混凝土泵的随机操作维修工蒋某一人在泵旁，用手持式电动砂轮机进行维修工作。该员工工作中穿拖鞋，时逢阴雨天，地面非常潮湿，工作期间因需要取其他工具，随手将手持式电动砂轮机放置在潮湿的地面，取回工具后继续使用电动砂轮机，结果因电动砂轮机漏电导致触电倒下且未能脱离电源。13 时 30 分左右，另一员工发现蒋倒在地上不动。

事故的直接原因是：（1）因电动砂轮机放置在潮湿的地面，地面水汽和污渍向砂轮机内部渗透，水渍致使手持式电动砂轮机金属外壳与砂轮机内部电机联电，成为带电体。（2）施工单位将向拖式混凝土泵供电的电源由 TN－S 系统三相五线电缆违规改接为三相四线电缆，至泵车时已没有保护接零线；当时手持式电动砂轮机电源插头所插入的在泵车电气控制箱外私自加装的单相三级插座内也没有 PE 保护线接入。（3）在潮湿的场地，按安全技术规程要求，必须使用Ⅱ类或Ⅲ类手持式电动工具，而当时蒋某使用的手持式砂轮机是Ⅰ类金属外壳手持式电动工具，又未按规定安装漏电保护器。（4）蒋某违反了安全技术规程中要求该作业时必须戴绝缘手套，穿绝缘鞋的规定，穿着拖鞋，在阴雨天非常潮湿的地面上手持砂轮机作业。

第六章　高处作业安全常识

　　施工现场很多事故都是由于高处作业引起的，高处作业的事故主要是物体打击和高处坠落，是施工现场最主要的事故。在施工现场高处作业中，如果未防护、防护不好或作业不当都可能发生人或物的坠落。人从高处坠落的事故，称为高处坠落事故，物体从高处坠落砸着下面人的事故，称为物体打击事故。长期以来，预防施工现场高处作业的高处坠落、物体打击事故始终是施工安全生产的首要任务，作业人员都要掌握有关高处作业的安全常识。

第一节　高处作业的基本概念

一、高处作业的含义

　　按照国家标准《高处作业分级》（GB/T 3608—2008）规定：凡在距坠落高度基准面 2 米以上（含 2 米）有可能坠落的高处所进行的作业，都称为高处作业。其含义有两个：一是相对概念，可能坠落的底面高度大于或等于 2 米。也就是说，不论在单层、多层或高层建筑物作业，即使是在平地，只要作业处的侧面有可能导致人员坠落的坑、井、洞或空间，其高度达到 2 米及其以上，就属于高处作业。二是高低差距标准定为 2 米，因为一般情况下，当人在 2 米以上的高处坠落时，就很可能会造成重伤、残废甚至死亡。

　　人体从超过自身高度的高处坠落就可能受到伤害，高处作业高度越高，可能坠落范围半径越大，作业危险性就越大。

二、高处作业分级

　　由于并非所有的坠落都是沿垂直方向笔直地下坠，因此就有一个可能的坠落范围的半径问题。即考虑最低坠落着落点时，应同时确定一个坠落范围作为依据，坠落高度越高，可能坠落范围就越大。按照不同的坠落高度，高处作业分为Ⅰ级、Ⅱ级、Ⅲ级和Ⅳ级四个等级。

Ⅰ级：2～5米。

Ⅱ级：5～15米。

Ⅲ级：15～30米。

Ⅳ级：30米以上。

高处作业又分为特殊高处作业和一般高处作业，在特殊和恶劣条件下的高处作业称为特殊高处作业，特殊高处作业包括强风、高温或低温、雪天、雨天、夜间、带电、悬空、抢救等高处作业。特殊高处作业以外的高处作业称为一般高处作业。

第二节　高处作业安全技术常识

一、高处作业的一般施工安全规定

施工前，应逐级进行安全技术教育及交底，落实所有安全技术措施和人身防护用品，未经落实时不得进行施工。高处作业中的安全标志、工具、仪表、电气设施和各种机械、设备，必须在施工前加以检查，确认其完好，方能投入使用。

悬空、攀登高处作业以及搭设高处作业安全设施的人员须经专业技术培训、考试合格发给特种作业人员操作证，并体检合格后，才能从事高处作业。

从事高处作业的人员必须定期进行身体检查，患有心脏病、贫血、高血压、癫痫病、恐高症及其他不适宜高处作业的病时，不得从事高处作业。

高处作业人员衣着要灵便，禁止赤脚和穿硬底鞋、高跟鞋、带钉易滑鞋或拖鞋及赤膊裸身从事高处作业。酒后禁止高处作业。

高处作业场所有可能坠落的物体，应一律先行撤除或予以固定。所用物件均应堆放平稳，不妨碍通行和装卸。工具应随手放入工具袋。传递物件时，禁止抛掷。拆卸下的物件及余料、废料应及时清理运走。

遇有六级以上强风、浓雾等恶劣天气，不得进行露天悬空与攀登高处作业。台风暴雨后，应对高处作业安全设施逐一加以检查，发现有松动、变形、损坏或脱落、漏雨、漏电等现象，应立即修理完善或重新设置。

雨天和雪天进行高处作业时，必须采取可靠的防滑、防寒和防冻措施。凡是水、冰、霜、雪均应及时清除。

所有安全防护设施和安全标志等，任何人都不得损坏或擅自移动和拆除。因作业必需，临时拆除或变动安全防护设施和安全标志时，必须经施工负责人同意，并采取相应的可靠措施，作业完毕后应立即恢复。

施工中对高处作业的安全技术设施发现有缺陷和隐患时，必须立即报告，及时解决。危及人身安全时，必须立即停止作业。

防护棚搭设与拆除时，应设警戒区，并应派专人监护。严禁上下同时拆除。

二、高处作业施工安全技术措施

建筑施工中的高处作业主要包括临边、洞口、攀登、悬空、交叉等五种基本类型，这些类型的高处作业是高处作业伤亡事故可能发生的主要地点。

1. 临边作业安全防护

临边作业是指施工现场中，工作面边沿无围护设施或围护设施高度低于80厘米时的高处作业。对临边高处作业，必须设置防护措施，并符合下列规定：

（1）基坑周边，尚未安装栏杆或栏板的阳台、料台与挑平台周边，雨篷与挑檐边，无外脚手架的屋面与楼层周边及水箱与水塔周边等处，都必须设置防护栏杆。

（2）头层墙高度超过3.2米的二层楼面周边，以及无外脚手架的高度超过3.2米的楼层周边，必须在外围架设安全平网一道。

（3）分层施工的楼梯口和梯段边，必须安装临时护栏。顶层楼梯口应随工程结构进度安装正式防护栏杆。

（4）井架与施工用电梯和脚手架等与建筑物通道的两侧边，必须设防护栏杆。地面通道上部应装设安全防护棚。双笼井架通道中间，应予分隔封闭。

（5）各种垂直运输接料平台，除两侧设防护栏杆外，平台口还应设置安全门或活动防护栏杆。

2. 洞口作业安全防护

进行洞口作业以及在因工程和工序需要而产生的，使人与物有坠落危险或危及人身安全情况下，必须采取洞口防护。

（1）板与墙的洞口，必须设置牢固的盖板、防护栏杆、安全网或其他防坠落的防护设施。

（2）电梯井口必须设防护栏杆或固定栅门；电梯井内应每隔两层并最多隔10米设一道安全网。

（3）钢管桩、钻孔桩等桩孔上口，杯形、条形基础上口，未填土的坑槽，以及人孔、天窗、地板门等处，均应按洞口防护设置稳固的盖件。

（4）施工现场通道附近的各类洞口与坑槽等处，除设置防护设施与安全标志外，夜间还应设红灯示警。

（5）洞口可视具体情况采取设防护栏杆、加盖板、张挂安全网与装栅门等措施。具体要求如下：

1）楼板、屋面和平台等面上短边尺寸小于25厘米但大于2.5厘米的孔口，必须用坚实的盖板盖住。盖板应能防止挪动移位。

2）楼板面等处边长为25~50厘米的洞口、安装预制构件时的洞口以及缺件临时形成的洞口，可用竹、木等作盖板、盖住洞口。盖板须能保持四周搁置均衡，并有固定其位置的措施。

3）边长为50~150厘米的洞口，必须设置以扣件扣接钢管而成的网格，并在其上满铺竹笆或脚手板。也可采用贯穿于混凝土板内的钢筋构成防护网，钢筋网格间距不得大于20厘米。

4）边长在150厘米以上的洞口，四周设防护栏杆，洞口下张设安全平网。

5）垃圾井道和烟道，应随楼层的砌筑或安装而消除洞口，或参照预留洞口作防护。管道井施工时，除按上述要求办理外，还应加设明显的标志。如有临时性拆移，需经施工负责人核准，工作完毕后必须恢复防护设施。

6）位于车辆行驶道旁的洞口、深沟与管道坑、槽，所加盖板应能承受不小于当地额定卡车后轮有效承载力2倍的荷载。

7）墙面等处的竖向洞口，凡落地的洞口应加装开关式、工具式或固定式的防护门，门栅网格的间距不应大于15厘米，也可采用防护栏杆，下设挡脚板（笆）。

8）下边沿至楼板或底面低于80厘米的窗台等竖向洞口，如侧边落差大于2米时，应加设1.2米高的临时护栏。

9）对邻近的人与物有坠落危险性的其他竖向的孔、洞口，均应盖住或加以防护，并有固定其位置的措施。

（6）防护栏杆设置。防护栏杆由上下两道横杆、栏杆柱（间距不大于2米）及挡脚板组成，栏杆的材料、立柱的固定、立柱与横杆的连接等应有足够强度，其整体构造应使防护栏杆在上杆任何处都能经受任何方向的100千克的外力。

1）毛竹横杆小头有效直径不应小于70毫米，栏杆柱小头直径不应小于80毫米，并须用不小于16号的镀锌钢丝绑扎，不应少于3圈，并无泄滑。

2）原木横杆上杆梢径不应小于70毫米，下杆梢径不应小于60毫米，栏杆柱梢径不应小于75毫米，并须用相应长度的圆钉钉紧，或用不小于12号的镀锌钢丝绑扎，要求表面平顺和稳固无动摇。

3）钢筋横杆上杆直径不应小于16毫米，下杆直径不应小于14毫米。钢管横杆及栏杆柱直径不应小于18毫米，采用电焊或镀锌钢丝绑扎固定。

4）钢管栏杆及栏杆柱均采用合格的管材，以扣件或电焊固定。

5）以其他钢材如角钢等作防护栏杆杆件时，应选用强度相当的规格，以电焊固定。

6）防护栏杆应由上、下两道横杆及栏杆柱组成，上杆离地高度为 1.0 ~ 1.2 米，下杆离地高度为 0.5 ~ 0.6 米。坡度大于 1∶2.2 的屋面，防护栏杆高 1.5 米，并加挂安全立网。横杆长度大于 2 米时，必须加设栏杆柱。

7）当在基坑四周固定栏杆柱时，可采用钢管并打入地下 50 ~ 70 厘米深。钢管离边口的距离，不应小于 50 厘米。当基坑周边采用板桩时，钢管可打在板桩外侧。

8）当在混凝土楼面、屋面或墙面固定栏杆柱时，可用预埋件与钢管或钢筋焊牢。采用竹、木栏杆时，可在预埋件上焊接 30 厘米长的 ∟50 × 5 角钢，其上下各钻一孔，然后用 10 毫米螺栓与竹、木杆件拴牢。

9）当在砖或砌块等砌体上固定栏杆柱时，可预先砌入规格相适应的 80 × 6 弯转扁钢作预埋铁的混凝土块，然后用上项方法固定。

10）当栏杆所处位置有发生人群拥挤、车辆冲击或物件碰撞可能时，应加大横杆截面或加密柱距。

11）防护栏杆必须自上而下用安全立网封闭，或在栏杆下边设置严密固定的高度不低于 18 厘米的挡脚板或 40 厘米的挡脚笆。挡脚板与挡脚笆上如有孔眼，不应大于 25 毫米。板与笆下边距离底面的空隙不应大于 10 毫米。

接料平台两侧的栏杆，必须自上而下加挂安全立网或满扎竹笆。

12）当临边的外侧面临街道时，除防护栏杆外，敞口立面必须采取满挂安全网或其他可靠措施作全封闭处理。

3. 攀登作业安全防护

攀登作业是指借助建筑结构或脚手架上的登高设施、梯子或其他登高设施在攀登条件下进行的高处作业。

在建筑物周围搭拆脚手架，张挂安全网，装拆塔机、龙门架、井字架、施工电梯、桩架及登高安装钢结构构件等作业都属于这种作业。

现场登高应借助建筑结构或脚手架上的登高设施，也可采用载人的垂直运输设备。进行攀登作业时，可使用梯子或采用其他攀登设施。

（1）进行攀登作业时，作业人员要从规定的通道上下，不能在阳台之间等非规定通道进行攀登，也不得任意利用吊车臂架等施工设备进行攀登。

（2）上下梯子时，必须面向梯子，且不得手持器物。

（3）使用梯子时，梯脚底部应坚实、防滑，且不得垫高使用；梯子上端应有固定措施或设人扶梯。

（4）立梯工作角度以 75°±5° 为宜，踏板上下间距以 30 厘米为宜，不得缺档；如需接长，必须有可靠的连接措施，且接头最少为 1 米，连接后梯梁的强度应不低于单梯梯梁的强度。

（5）使用折梯时，上部夹角以 35°~45° 为宜，铰链必须牢固，并应有可靠的拉撑措施，禁止骑在折梯上移动梯子。

4. 悬空作业安全防护

悬空作业是指在周边临空状态下进行高处作业。其特点是在操作者无立足点或无牢靠立足点条件下进行高处作业。

建筑施工中的构件吊装，利用吊篮进行外装修，悬挑或悬空梁板、雨篷等特殊部位支拆模板、绑扎钢筋、浇筑砼等项作业都属于悬空作业，由于是在不稳定的条件下施工作业，危险性很大。

悬空作业处应有牢靠的立足处，并必须视具体情况，配置防护网、栏杆或其他安全设施。

（1）悬空作业所用索具、脚手板、吊篮、吊笼、平台等设备，均需经技术鉴定方能使用。

（2）悬空作业处应有牢靠的立足处，并必须视具体情况，配置防护网、栏杆或其他安全设施。

（3）构件吊装和管道安装时的悬空作业应符合下列要求：

1）钢结构的吊装，构件应在地面组装，并应搭设进行临时固定、电焊、高强螺栓连接等工序的高空安全设施，随构件同时上吊就位。拆卸时的安全措施，应一并考虑和落实。高空吊装预应力钢筋混凝土层架、桁架等大型构件前，应搭设悬空作业中所需的安全设施。

2）悬空安装大模板、吊装第一块预制构件、吊装单独的大中型预制构件时，必须站在操作平台上操作。吊装中的大模板和预制构件以及石棉水泥板等屋面板上，严禁站人和行走。

3）安装管道时必须有已完结构或操作平台为立足点，严禁在安装中的管道上站立和行走。

（4）模板支撑和拆卸时的悬空作业，应符合下列要求：

1）支模应按规定的作业程序进行，模板固定前不得进行下一道工序。严禁在连接件和支撑件上攀登上下，并严禁在上下同一垂直面上装、拆模板。结构复杂的模板，装、拆应严格按照施工组织设计的措施进行。

2）支设高度在 3 米以上的柱模板，四周应设斜撑，并应设立操作平台。低于 3 米的可使用马凳操作。

3）支设悬挑形式的模板时，应有稳固的立足点。支设临空构筑物模板时，应搭设支架或脚手架。模板上有预留洞时，应在安装后将洞口盖上盖板。混凝土板上拆模后形成的临边或洞口，应按洞口的有关规定进行防护。

拆模高处作业，应配置登高用具或搭设支架。

（5）钢筋绑扎时的悬空作业，应符合下列要求：

1）绑扎钢筋和安装钢筋骨架时，必须搭设脚手架和马道。

2）绑扎圈梁、挑梁、挑檐、外墙和边柱等钢筋时，应搭设操作台架和张挂安全网。悬空大梁钢筋的绑扎，必须在满铺脚手板的支架或操作平台上操作。

3）绑扎立柱和墙体钢筋时，不得站在钢筋骨架上或攀登骨架上下。3 米以内的柱钢筋，可在地面或楼面上绑扎，整体竖立。绑扎 3 米以上的柱钢筋，必须搭设操作平台。

（6）混凝土浇筑时的悬空作业，应符合下列要求：

1）浇筑离地 2 米以上框架、过梁、雨篷和小平台时，应设操作平台，不得直接站在模板或支撑件上操作。

2）浇筑拱形结构，应自两边拱脚对称地相向进行。浇筑储仓，下口应先行封闭，并搭设脚手架以防人员坠落。

3）特殊情况下如无可靠的安全设施，必须系好安全带并扣好保险钩，或架设安全网。

（7）进行预应力张拉的悬空作业时，应符合下列要求：

1）进行预应力张拉时，应搭设站立操作人员和设置张拉设备的牢固可靠的脚手架或操作平台。雨天张拉时，还应架设防雨棚。

2）预应力张拉区域应有标示明显的安全标志，禁止非操作人员进入。张拉钢筋的两端必须设置挡板。挡板应距所张拉钢筋的端部 1.5~2 米，且应高出最上一组张拉钢筋 0.5 米，其宽度应距张拉钢筋两外侧各不小于 1 米。

（8）悬空进行门窗作业时，应符合下列要求：

1）安装门、窗，油漆及安装玻璃时，严禁操作人员站在樘子、阳台栏板上操作。门、窗临时固定，封填材料未达到强度，以及电焊时，严禁手拉门、窗进行攀登。

2）在高处外墙安装门、窗，无外脚手架时，应张挂安全网。无安全网时，操作人员应系好安全带，其保险钩应挂在操作人员上方的可靠物件上。

3）进行各项窗口作业时，操作人员的重心应位于室内，不得在窗台上站立，必要时应系好安全带进行操作。

5．交叉作业安全防护

交叉作业是指在施工现场的上下不同层次，在空间贯通状态下同时进行的高处作业。现场施工上部搭设脚手架、吊运物料、地面上的人员搬运材料、制作钢筋，或外墙装修下面打底抹灰、上面进行面层装饰等，都是施工现场的交叉作业。交叉作业中，若高处作业不慎碰掉物料，失手掉下工具或吊运物体散落，都可能砸到下面的作业人员，发生物体打击伤亡事故。

（1）支模、粉刷、砌墙等各工种进行上下立体交叉作业时，不得在同一垂直方向上操作。下层作业的位置，必须处于上层高度确定的可能坠落范围半径之外。不符合以上条件时，应设置安全防护层。

（2）钢模板、脚手架等拆除时，下方不得有其他操作人员。

（3）钢模板部件拆除后，临时堆放处离楼层边沿不应小于 1 米，堆放高度不得超过 1 米。楼层边口、通道口、脚手架边缘等处，严禁堆放任何拆下物件。

（4）结构施工自二层起，凡人员进出的通道口（包括物料升降机、施工用电梯的进出通道口），均应搭设安全防护棚。高度超过24米的层次上的交叉作业，应设双层防护装置。

（5）由于上方施工可能坠落物件或处于起重机把杆回转范围之内的通道，在其受影响的范围内，必须搭设顶部能防止穿透的双层防护廊。

（6）利用塔吊、龙门架等机具作垂直运输作业时，地面作业人员要避开吊物的下方，不要在吊车吊臂下穿行停留，防止吊运的材料散落时被砸伤。

（7）进入施工现场要走指定的或搭有防护棚的出入口，不得从无防护棚的楼口出入，避免坠物砸伤。

[事故案例]

2006年3月8日，由某省国防工业建筑工程公司承包施工、某工程建设监理有限公司监理的某工业有限公司第三联合厂房工程，该工程项目经理李某在检查模板安装过程中，发生高处坠落事故，抢救无效死亡。

事故工程位于某市经济技术开发区，系某机械工业有限公司第三联合厂房，事发部位位于厂房内的办公用房（该办公用房为单层，面积200平方米，长50米，宽4米，高4.3米）的一层顶面。当日15时30分，该工程项目经理李某在一层顶面的C16－C17轴检查模板安装质量时，自高4.3米未安装完毕的模板缝隙中滑落，先落至高1.2米的房间隔墙上后，又坠落至地面，经抢救无效于次日4时死亡。

事故的直接原因是：项目经理李某本身患有高血压疾病，在病情不稳定的情况下，不适宜从事高处作业，并且在施工现场未戴安全帽，安全意识薄弱，自我保护意识差。项目经理李某对其直接主管、全面负责的施工现场的安全管理工作存在的事故隐患不能正确履行职责，也是发生事故的另一主要原因。

第七章 施工现场消防安全常识

建筑施工现场存有大量的易燃物品，许多工序需要明火施工，多工种立体交叉作业现象较普遍。特别是在外墙保温和装饰装修工程中，大量使用易燃材料，稍有不慎，极易发生火灾事故，一旦发生火灾，极易造成重大人员伤亡和经济损失，给社会公共安全和人民生命财产安全带来极大危害。作为一名建筑施工人员必须具备一定的施工现场消防知识。

第一节 消防知识概述

一、消防工作方针

我国消防工作方针是"以防为主，防消结合"。

"以防为主"就是在消防工作中要把预防火灾的工作放在首位，积极开展防火安全教育，提高人民群众对火灾的警惕性；健全防火组织，严密防火制度；经常进行防火检查，消除火灾隐患，把可能引起火灾的因素消灭，减少火灾事故的发生。

"防消结合"就是在积极做好防火工作的同时，在组织上、思想上、物质上和技术上做好灭火战斗的准备，一旦发生火灾，能够迅速、及时、有效地将火扑灭。"防"和"消"是相辅相成的两个方面，是缺一不可的。因此，要积极做好"防"和"消"两个方面的工作，不可偏废任何一方。

二、起火条件

在一定温度下，与空（氧）气或其他氧化剂进行剧烈化学反应而发生热效发光现象的过程称为燃烧，俗称起火。任何燃烧事件的发生必须具备以下三个条件：

（1）存在能燃烧的物质。凡能与空气中的氧或其他氧化剂起剧烈化学反应的物质，都可称为可燃物质，如木材、油漆、纸张、天然气、汽油、酒精等。

（2）有助燃物。凡能帮助和支持燃烧的物质都叫助燃物，如空气、氧气等。

（3）有能使可燃物燃烧的火源，如火焰、火星和电火花等。

只有上述三个条件同时具备，并相互作用才能燃烧、起火。自燃是指可燃物质在没有外来热源的作用下，由其本身所进行的生物、物理或化学作用而产生热，当达到一定的温度时，发生的自动燃烧现象。在一般情况下，能自燃的物质有植物产品、油脂、煤及硫化铁等。

三、动火区域

根据工程选址位置、周围环境、平面布置、施工工艺和施工部位不同，建筑施工现场动火区域一般可分为三个等级。

1. 凡属下列情况之一的动火，均为一级动火。

（1）禁火区域内。

（2）油罐、油箱、油槽车和储存过可燃气体、易燃液体的容器及与其连接在一起的辅助设备。

（3）各种受压设备。

（4）危险性较大的登高焊、割作业。

（5）比较密封的室内、容器内、地下室等场所。

（6）现场堆有大量可燃和易燃物质的场所。

2. 凡属下列情况之一的动火，均为二级动火。

（1）在具有一定危险因素的非禁火区域内进行临时焊、割等用火作业。

（2）小型油箱等容器用火作业。

（3）登高焊、割等用火作业。

3. 在非固定的、无明显危险因素的场所进行用火作业，均属三级动火作业。

在一、二级动火区域施工，必须认真遵守消防法规，严格按照有关规定，建立健全防火安全制度；动火作业前必须按照规定程序办理动火审批手续，取得动火证；动火证必须注明动火地点、动火时间、动火人、现场监护人、批准人和防火措施。没经过审批的，一律不得实施明火作业。

第二节 常见的灭火措施与扑救火灾的一般原则

一、常见的灭火措施

灭火一般是使着火物的温度降到着火点以下，或者阻止其与空气的化学反应。按照燃烧原理，一切灭火方法的原理都是将灭火剂直接喷射到燃烧的物体上或者将灭火剂喷洒在火源附近的物质上，使其不因火焰热辐射作用而形成新的火点。常见的灭火措施有：

1. 冷却法灭火措施

（1）用大量的水冲泼火区来降温。

（2）用二氧化碳灭火剂灭火。由于雪花状固体二氧化碳本身温度很低，接触火源时又吸收大量的热，从而使燃烧区的温度急剧下降。

（3）用水冷却火场上未燃烧的可燃物和生产装置，以防止它们被引燃或受热爆炸。

2. 窒息法灭火措施

（1）可采用石棉被、浸湿的棉被、帆布、灭火毯等不燃或难燃材料，覆盖燃烧物或封闭孔洞。

（2）用低倍数泡沫覆盖燃烧液面灭火。

（3）用水蒸气、惰性气体（如二氧化碳、氮气等）、高倍数泡沫充入燃烧区域内。

（4）利用建筑物上原有的门、窗以及生产储运设备上的部件，封闭燃烧区，阻止新鲜空气流入，以降低燃烧区氧气的含量，达到窒息灭火的目的。

（5）在万不得已而条件又允许的情况下，也可采用水淹没（灌注）的方法扑灭火灾。

3. 隔离法灭火措施

（1）将火源附近的可燃、易燃、易爆和助燃物质，从燃烧区转移到安全地点。

（2）关闭阀门，阻止气体、液体流入燃烧区；排除生产装置、设备容器内的可燃气体或液体。

（3）设法阻拦流散的易燃、可燃液体或扩散的可燃气体。

（4）拆除与火源相毗连的易燃建筑结构，形成防止火势蔓延的空间地带。

（5）用水流或用爆炸等方法封闭井口，扑救油气井喷火灾。

4. 抑制法灭火措施

采用干粉、卤代烷灭火剂灭火，就是抑制着火区内的连锁反应，减少自由基的灭火方法，灭火速度快，使用得当，可有效地扑灭初期火灾，减少人员和财产的损失。

抑制法灭火措施属于化学灭火方法，灭火剂参加燃烧反应。一些碱金属、碱土金属以及这些金属的化合物在燃烧时可产生高温，在高温下这些物质大部分可与卤代烷进行反应，使燃烧反应更加猛烈，故不能用其扑救，对含氧化学品也不适宜。

二、扑救火灾的一般原则

1. 报警早，损失小

"报警早，损失小"，这是人们在同火灾做斗争中总结出来的一条宝贵经验。由于火灾的发展很快，当发现初起火灾时，在积极组织扑救的同时，尽快用火警报警装置、电话等向消防队报警。但不论火势大小，自己是否有能力将火灾扑灭，报警都是必要的，是与自救同时进行的行为。其目的是调动足够的力量，包括公安消防队、本单位（地区）专职和义务消防队，以及广大人民群众参加扑救火灾，进行配合疏散物资和抢救人员。而且，火灾的发展往往是难以预料的，如某些原因导致火势突然扩大、扑救方法不当、对起火物品性质不了解、灭火器材效能有限等，都会使灭火工作处于被动状态。由于报警延误，错过了扑救初起火灾的有利时机，消防队到场也费时费力，即使火被扑灭也造成了很大的损失。特别是当火势已发展到猛烈阶段，消防队也只能控制其不再蔓延，损失和危害已成定局。起火后不报警酿成恶果的事例不胜枚举，主要原因有不会报警；错误地认为消防队灭火要收费，怕花钱；存在侥幸心理，以为自己能灭火；平时无演习，关键时刻惊慌失措、乱了阵脚，忘记报警；企、事业单位发生火灾怕影响评先进、发奖金，怕消防车拉警报影响声誉，怕追究责任或受经济处罚，有的单位甚至做出不成文的规定，如报警必须经过领导批准等等。

报警要沉着冷静，及时准确，要说清楚起火的部门和部位，燃烧的物质，火势大小。如果是拨打"119"火警电话向公安消防队报警，还要讲清楚起火单位名称、详细地址、报警电话号码，同时派人到消防车可能来到的路口接应，并主动及时地介绍燃烧物的性质和火灾内部情况，以便迅速组织扑救。

2. 边报警，边扑救

在报警的同时要及时扑救初起之火。火灾通常要经过初起阶段，发展阶段，最后到下降和熄灭阶段的发展过程。在火灾的初起阶段，由于燃烧面积小，燃烧强度弱，放出的辐射热量少，是扑救的最有利时机。这种初起火一经发现，只要不错过时机，可以用很少的灭火器材，如一桶黄沙、一只灭火器或少量水就可以扑灭。所以，就地取材、不失时机地扑灭初起火灾是极其重要的。

3. 先控制，后灭火

在扑救可燃气体、液体火灾时，可燃气体、液体如果从容器、管道中源源不断地喷散出来，应首先切断可燃物的来源，然后争取灭火一次成功。如果在未切断的情况下，急于求成、盲目灭火，则是一种十分危险的做法。因为火焰一旦被扑灭，而可燃物继续向外喷散，特别是比空气重的液化石油气外溢，易沉积在低洼处，不易很快消散，遇明火或炽热物体等火源还会引起复燃。如果气体浓度达到爆炸极限，甚至还能引起爆炸，容易导致严重伤害事故。

4. 先救人，后救物

在发生火灾时，如果人员受到火灾的威胁，人与物相比，人是主要的，应贯彻执行救人第一，救人与灭火同步进行的原则，先救人后疏散物资。要首先组织人力和工具，尽早、尽快地将被困人员抢救出来。在组织抢救工作时，应注意先把受到威胁最严重的人员抢救出来，抢救时要做到稳妥、准确、果断、勇敢，以确保抢救的安全。

5. 防中毒，防窒息

许多化学物品燃烧时会产生有毒烟雾。一些有毒物品燃烧时，如使用的灭火剂不当，也会产生有毒或剧毒气体，扑救人员如不注意很容易发生中毒。大量排雾或使用二氧化碳等窒息法灭火时，火场附近空气中氧含量降低可能引起窒息。因此，在化工企业扑救火灾时还应特别注意防中毒、防窒息。在扑救有毒物品时要正确选用灭火剂，以避免产生有毒或剧毒气体，扑救时人应尽可能站在上风向，必要时要佩戴面具，以防发生中毒或窒息。

6. 听指挥，莫恐慌

发生火灾时不能随便动用周围的物质进行灭火，因为慌乱中可能会把可燃物质当作灭火的水来使用，反而会造成火势迅速扩大；也可能会因没有正确使用而白白消耗掉现场灭火器材，变得束手无策，只能待援。此外，当由于各种因素，发生的火灾在消防队赶到后还未被扑灭时，为了卓有成效地扑救火灾，必须听从火场指挥员的指挥，互相配合，积极主动完成扑救任务。

三、火灾现场安全疏散

当火灾突然发生，一定要强制自己保持头脑冷静，根据周围环境和各种自然条件，选择恰当的安全疏散和自救方式。能否安全疏散，自救方式是否恰当，直接关系到生死命运。

安全疏散注意事项如下：

（1）保持安全疏散秩序。在疏散过程中，始终应把疏散秩序和安全作为重点，尤其要防止发生拥挤、践踏、摔伤等事故。如看见前面的人倒下去，应立即扶起；发现拥挤应给予疏导或选择其他的辅助疏散方法给予分流，减轻单一疏散通道的压力。实在无法分流时，应采取强硬手段坚决制止混乱。同时要告诫和阻止逆向人流的出现，保持疏散通道畅通。制止逃生中乱跑乱窜、大喊大叫的行为。因为这种行为不但会消耗大量体力，吸入更多的烟气，还会妨碍别人的正常疏散和诱导混乱。尤其是前呼后拥的混乱状态出现时，决不能贸然加入，这是逃生过程中的大忌，也是扩大伤亡的缘由。

（2）应遵循的疏散顺序。就多层场所而言，疏散应按照先着火层，后以上各层、再下层的顺序进行，以安全疏散到地面为主要目标。优先安排受火势威胁最严重及最危险区域内的人员疏散。此时若贻误时机，则极易产生惨重的伤亡后果。建筑物火灾中，一般是着火楼层内的人员遭受烟火危害的程度最重，要忍受高温和浓烟的伤害。如疏散不及时，极易发生跳楼、中毒、昏迷、窒息等现象和症状。因此当疏散通道狭窄或单一时，应首先救助和疏散着火层的人员。着火层以上各层是烟火蔓延将很快波及的区域，也应作为疏散重点尽快疏散。相对来说，下面各层较为安全，不仅疏散路径短，火势殃及的速度也慢，能够容许留有一段安全疏散时间。分轻重缓急按楼层疏散，可大大减轻安全疏散通道压力，避免人流密度过大、路线交叉等原因所致的堵塞、践踏等恶果，保持通道畅通。

（3）利用防火门、防火卷帘等设施控制火势，启用通风和排烟系统降低烟雾浓度，阻止烟火侵入疏散通道，及时关闭各种防火分隔设施等措施，都可为安全疏散创造有利条件，使疏散行动进行得更为顺利、安全。

（4）疏散中原则上禁止使用普通电梯。普通电梯由于缝隙多，极易受到烟火的侵袭，而且电梯竖井又是烟火蔓延的主要通道，所以采用普通电梯作为疏散工具是极危险的。曾有中途停电、窜入烟火和成为火势蔓延通道的多起悲剧案例。因而发生火灾时，原则上应首先关闭普通电梯。

（5）不要滞留在没有消防设施的场所。逃生困难时，可将防烟楼梯间、前室、阳台等作为临时避难场所。千万不可滞留于走廊、普通楼梯间等烟火极易波及又没有消防设施的部位。

（6）逃生中注意自我保护。学会逃生中的自我保护的基本方法，是保证自我逃生安全的重要组成部分。如在逃生中因中毒、撞伤等原因对身体造成伤害，不但贻误逃生行动，还会遗留后患甚至危及生命。

火场上烟气具有较高的温度，但安全通道的上方烟气浓度大于下部，贴近地面处浓度最低。所以疏散时穿过烟气弥漫区域时要以低姿行进为好，例如弯腰行走、蹲姿行走、爬姿等。但当你采用上述这些姿势逃离时动作速度不宜过猛过快，否则会增大烟气的吸入量，因视线不清发生碰壁、跌倒等事故。

（7）注意观察安全疏散标志。在烟气弥漫能见度极差的环境中逃生疏散时，应低姿细心搜寻安全疏散指示标志和安全门的闪光标志，按其指引的方向稳妥进行，切忌只顾低头乱跑或盲目随从别人。

（8）脱下着火衣服。如果身上衣服着火，应迅速将衣服脱下，或就地翻滚，将火压灭。如附近有浅水池、池塘等，可迅速跳入水中。如果身体已被烧伤时，应注意不要跳入污水中，以防感染。

第三节　常见灭火器材及其使用

消防设施和器材是预防火灾和扑救火灾的重要设备和设施，必须按照国家消防技术规范的规定，定期对企业所有的消防设备和器材进行检验和维修，确保消防设施器材完好、有效。

一、灭火器的类型及其选择

1. 灭火器的类型

按充装灭火剂的种类不同，常用灭火器有水型灭火器、空气泡沫灭火器、干粉灭火器、二氧化碳灭火器等。

（1）水型灭火器。这类灭火器中充装的灭火剂主要是水，另外还有少量的添加剂。清水灭火器、强化液灭火器都属于水型灭火器。其主要适用于扑救可燃固体类物质如木材、纸张、棉麻织物等的初起火灾。

（2）空气泡沫灭火器。这类灭火器中充装的灭火剂是空气泡沫液。根据空气泡沫灭火剂种类的不同，空气泡沫灭火器又可分蛋白泡沫灭火器、氟蛋白泡沫灭火器、水成膜泡沫灭火器和抗溶泡沫灭火器等。其主要适用于扑救可燃液体类物质如汽油、煤油、柴油、植物油、油脂等的初起火灾；也可用于扑救可燃固体类物质如木材、棉花、纸张等的初起火灾。对极性（水溶性）如甲醇、乙醚、乙醇、丙酮等可燃液体的初起火灾，只能用抗溶性空气泡沫灭火器扑救。

（3）干粉灭火器。这类灭火器内充装的灭火剂是干粉。根据所充装的干粉灭火剂种类的不同，有碳酸氢钠干粉灭火器、钾盐干粉灭火器、氨基干粉灭火器和磷酸铵盐干粉灭火器。我国主要生产和发展碳酸氢钠干粉灭火器和磷酸铵盐干粉灭火器。碳酸氢钠干粉适用于扑救可燃液体和气体类火灾，其灭火器又称 BC 干粉灭火器。磷酸铵盐干粉适用于扑救可燃固体、液体和气体类火灾，其灭火器又称 ABC 干粉灭火器。因此，干粉灭火器主要适用于扑救可燃液体、气体类物质和电气设备的初起火灾。ABC 干粉灭火器也可以扑救可燃固体类物质的初起火灾。

（4）二氧化碳灭火器。这类灭火器中充装的灭火剂是加压液化的二氧化碳。其主要适用于扑救可燃液体类物质和带电设备的初起火灾，如图书、档案、精密仪器、电气设备等的火灾。

2. 灭火器的选择

（1）A 类火灾是普通可燃物如木材、布、纸、橡胶及各种塑料燃烧而成的火灾。对 A 类火灾，一般可采取水冷却灭火，但对于忌水物质，如布、纸等应尽量减少水渍所造成的损失。对珍贵图书、档案资料应使用二氧化碳灭火器、干粉灭火器灭火。

（2）B 类火灾是油脂及液体如原油、汽油、煤油、酒精等燃烧引起的火灾。对 B 类火灾，应及时使用泡沫灭火器进行扑救，还可使用干粉灭火器、二氧化碳灭火器。

（3）C 类火灾是可燃气体如氢气、甲烷、乙炔燃烧引起的火灾。对 C 类火灾，因气体燃烧速度快，极易造成爆炸，一旦发现可燃气着火，应立即关闭阀门，切断可燃气来源，同时使用干粉灭火器将气体燃烧火焰扑灭。

（4）D类火灾是可燃金属如镁、铝、钛、锆、钠和钾等燃烧引起的火灾。对D类火灾，燃烧时温度很高，水及其他普通灭火剂在高温下会因发生分解而失去作用，应使用专用灭火剂。金属火灾灭火剂有两种类型：一是液体型灭火剂，二是粉末型灭火剂。

二、常用灭火器的使用

1. 水型灭火器的使用

将清水或强化液灭火器提至火场，在距离燃烧物10米处，将灭火器直立放稳。

（1）摘下保险帽，用手掌拍击开启杆顶端的凸头。这时储气瓶的密封膜片被刺破，二氧化碳气体进入筒体内，迫使清水从喷嘴喷出。

（2）立即一只手提起灭火器，另一只手托住灭火器的底圈，将喷射的水流对准燃烧最猛烈处喷射。

（3）随着灭火器喷射距离的缩短，使用者应逐渐向燃烧物靠近，使水流始终喷射到燃烧处，直到将火扑灭。

在喷射过程中，灭火器应始终与地面保持大致的垂直状态，切勿颠倒或横卧，否则，会使加压气体泄出而导致灭火剂不能喷射。

2. 空气泡沫灭火器的使用

使用时，手提空气泡沫灭火器提把迅速赶到火场。

（1）在距燃烧物6米左右，先拔出保险销，一手握住开启压把，另一手握住喷枪，紧握开启压把，将灭火器密封开启，空气泡沫即从喷枪喷出。

（2）泡沫喷出后对准燃烧最猛烈处喷射。如果扑救的是可燃液体火灾，当可燃液体呈流淌状燃烧时，喷射的泡沫应由远而近地覆盖在燃烧液体上；当可燃液体在容器中燃烧时，应将泡沫喷射在容器的内壁上，使泡沫沿壁淌入可燃液体表面而加以覆盖。

应避免将泡沫直接喷射在容器内可燃液体表面上，以防止射流的冲击力将可燃液体冲出容器而扩大燃烧范围，增大灭火难度。

灭火时，应随着喷射距离的减缩，使用者逐渐向燃烧处靠近，并始终让泡沫喷射在燃烧物上，直至将火扑灭。在使用过程中，应紧握开启压把，不能松开。也不能将灭火器倒置或横卧使用，否则会中断喷射。

3. 二氧化碳灭火器的使用

二氧化碳灭火器的密封开启后，液态的二氧化碳在其蒸气压力的作用下，经虹吸管和喷射连接管从喷嘴喷出。由于压力的突然降低，二氧化碳液体迅速汽化，但因汽化需要的热量供不应求，二氧化碳液体在汽化时不得不吸收本身的热量，结果一部分二氧化碳凝结成雪花状固体，温度下降至零下78摄氏度。所以，从灭火器喷出的是二氧化碳气体和固体的混合物。当雪花状的二氧化碳覆盖在燃烧物上时即刻汽化（升华），对燃烧物有一定的冷却作用。但二氧化碳灭火时的冷却作用不大，而主要通过稀释空气，把燃烧区空气中的氧浓度降低到维持物质燃烧的极限氧浓度以下，从而使燃烧窒息。

（1）手提式二氧化碳灭火器。使用时，手提灭火器的提把或把灭火器扛在肩上，迅速赶到火场。在距起火点大约5米处放下灭火器。

1）一只手握住喇叭形喷筒根部的手柄，把喷筒对准火焰，另一只手压下压把，二氧化碳就喷射出来。

2）当扑救流淌液体火灾时，应使二氧化碳射流由近而远向火焰喷射，如果燃烧面积较大，操作者可左右摆动喷筒，直至把火扑灭。

3）当扑救容器内火灾时，应从容器上部的一侧向容器内喷射，但不要使二氧化碳直接冲击到液面上，以免将可燃物冲出容器而扩大火灾。

（2）推车式二氧化碳灭火器。一般应由两人操作。先把灭火器拉到或推到火场，在距起火点大约10米处停下。

1）一人迅速卸下安全帽，然后逆时针方向旋转手轮，把手轮开到最大位置。

2）另一人则迅速取下喇叭喷筒，展开喷射软管后，双手紧握喷筒根部的手柄，把喇叭喷筒对准火焰喷射，其灭火方法与手提式灭火器相同。

手提式二氧化碳灭火器在喷射过程中应保持直立状态，切不可平放或颠倒使用；当不戴防护手套时，不要用手直接握喷筒或金属管，以防冻伤；在室外使用时应选择在上风方向喷射，否则，室外大风会将喷射的二氧化碳气体吹散，灭火效果很差；在狭小的室内空间使用时，灭火后使用者应迅速撤离，以防被二氧化碳窒息而发生意外；室内火灾扑灭后，应先打开门窗通风，然后再进入，以防窒息。

三、施工现场灭火器配备与摆放

1. 灭火器的配备

（1）大型临时设施总面积超过 1 200 平方米的，应当按照消防要求配备灭火器，并根据防火的对象、部位，设一定数量、容积的消防水池，并配备不少于 4 套取水桶、消防锨、消防钩，同时，要备有一定数量的黄沙池等器材、设施，并留有消防通道。

（2）一般临时设施区域中每 100 平方米范围内，配电室、动火处、食堂、宿舍等重点防火部位，应当配备 2 个 10 升灭火器。

（3）临时木工间、油漆间、机具间等每 25 平方米范围内，应配备一个种类合适的灭火器，油库、危险品仓库、易燃堆料场应配备足够数量种类适当的灭火器。

2. 灭火器的摆放

（1）灭火器应摆放在明显和便于取用的地点，且不得影响安全疏散。

（2）灭火器应摆放稳固，其铭牌必须朝外。

（3）手提式灭火器宜设置在挂钩、托架上或灭火器箱内，其顶部离地面高度应小于 1.5 米，底部离地面高度不宜小于 0.15 米。

（4）灭火器不应摆放在潮湿或强腐蚀性的地点，如必须摆放时，应有相应的保护措施。

（5）摆放在室外的灭火器，应有保护措施。

（6）灭火器不得摆放在超出其使用温度范围的地点。

第四节　施工现场消防安全管理常识

企业应建立施工现场消防安全责任制度，确定消防安全负责人。加强对施工人员的消防教育培训，落实动火、用电、易燃可燃材料等消防管理制度和操作规程。保证在建工程竣工验收前消防通道、消防水源、消防设施和器材、消防安全标志等完好有效。

一、防火管理一般规定

1. 责任制管理

施工现场的消防安全管理由施工单位负责。实行施工总承包的，由总承包单位负责。分包单位应向总承包单位负责，并应服从总承包单位的管理，同时应承担国家法律、法规规定的消防责任和义务。

施工单位应根据建设项目规模、现场消防安全管理的重点，在施工现场建立消防安全管理组织机构及义务消防组织，并应确定消防安全负责人和消防安全管理人，同时应落实相关人员的消防安全管理责任。

2. 消防安全管理制度

施工单位应针对施工现场可能导致火灾发生的施工作业及其他活动，制定消防安全管理制度。消防安全管理制度应包括下列主要内容：

（1）消防安全教育与培训制度。

（2）可燃及易燃易爆危险品管理制度。

（3）用火、用电、用气管理制度。

（4）消防安全检查制度。

（5）应急预案演练制度。

3. 防火技术方案

施工单位应编制施工现场防火技术方案，并应根据现场情况变化及时对其修改、完善。防火技术方案应包括下列主要内容：

（1）施工现场重大火灾危险源辨识。

（2）施工现场防火技术措施。

（3）临时消防设施、临时疏散设施配备。

（4）临时消防设施和消防警示标识布置图。

4．应急疏散预案

施工单位应编制施工现场灭火及应急疏散预案。灭火及应急疏散预案应包括下列主要内容：

（1）应急灭火处置机构及各级人员应急处置职责。

（2）报警、接警处置的程序和通信联络的方式。

（3）扑救初起火灾的程序和措施。

（4）应急疏散及救援的程序和措施。

5．消防安全教育培训

施工人员进场前，施工现场的消防安全管理人员应向施工人员进行消防安全教育和培训。防火安全教育和培训应包括下列内容：

（1）施工现场消防安全管理制度、防火技术方案、灭火及应急疏散预案的主要内容。

（2）施工现场临时消防设施的性能及使用、维护方法。

（3）扑灭初起火灾及自救逃生的知识和技能。

（4）报火警、接警的程序和方法。

6．消防安全技术交底

施工作业前，施工现场的施工管理人员应向作业人员进行消防安全技术交底。消防安全技术交底应包括下列主要内容：

（1）施工过程中可能发生火灾的部位或环节。

（2）施工过程应采取的防火措施及应配备的临时消防设施。

（3）初起火灾的扑救方法及注意事项。

（4）逃生方法及路线。

7．消防安全检查

施工过程中，施工现场的消防安全负责人应定期组织消防安全管理人员对施工现场的消防安全进行检查。消防安全检查应包括下列主要内容：

（1）可燃物及易燃易爆危险品的管理是否落实。

（2）动火作业的防火措施是否落实。

（3）用火、用电、用气是否存在违章操作，电、气焊及保温防水施工是否执行操作规程。

（4）临时消防设施是否完好有效。

（5）临时消防车道及临时疏散设施是否畅通。

施工单位应依据灭火及应急疏散预案，定期开展灭火及应急疏散的演练。

施工单位应做好并保存施工现场消防安全管理的相关文件和记录，建立现场消防安全管理档案。

二、可燃物及易燃易爆危险品管理

用于在建工程的保温、防水、装饰及防腐等材料的燃烧性能等级，应符合设计要求。

可燃材料及易燃易爆危险品应按计划限量进场。进场后，可燃材料宜存放于库房内，如露天存放时，应分类成垛堆放，垛高不应超过2米，单垛体积不应超过50立方米，垛与垛之间的最小间距不应小于2米，且采用不燃或难燃材料覆盖；易燃易爆危险品应分类专库储存，库房内通风良好，并设置严禁明火标志。

室内使用油漆及其有机溶剂、乙二胺、冷底子油或其他可燃、易燃易爆危险品的物资作业时，应保持良好通风，作业场所严禁明火，并应避免产生静电。

施工产生的可燃、易燃建筑垃圾或余料，应及时清理。

三、用火、用电、用气管理

1. 用火管理

施工现场用火，应符合下列要求：

（1）动火作业应办理动火许可证；动火许可证的签发人收到动火申请后，应前往现场查验并确认动火作业的防火措施落实后，方可签发动火许可证。

（2）动火操作人员应具有相应资格。

（3）焊接、切割、烘烤或加热等动火作业前，应对作业现场的可燃物进行清理。对于作业现场及其附近无法移走的可燃物，应采用不燃材料对其覆盖或隔离。

（4）施工作业安排时，宜将动火作业安排在使用可燃建筑材料的施工作业前进行。确需在使用可燃建筑材料的施工作业之后进行动火作业，应采取可靠的防火措施。

（5）裸露的可燃材料上严禁直接进行动火作业。

（6）焊接、切割、烘烤或加热等动火作业，应配备灭火器材，并设动火监护人进行现场监护，每个动火作业点均应设置一个监护人。

（7）五级（含五级）以上风力时，应停止焊接、切割等室外动火作业，否则应采取可靠的挡风措施。

（8）动火作业后，应对现场进行检查，确认无火灾危险后，动火操作人员方可离开。

（9）具有火灾、爆炸危险的场所严禁明火。

（10）施工现场不应采用明火取暖。

（11）厨房操作间炉灶使用完毕后，应将炉火熄灭，排油烟机及油烟管道应定期清理油垢。

2. 用电管理

施工现场用电，应符合下列要求：

（1）施工现场供用电设施的设计、施工、运行、维护应符合现行国家标准《建设工程施工现场供用电安全规范》（GB 50194—2014）的要求。

（2）电气线路应具有相应的绝缘强度和机械强度，严禁使用绝缘老化或失去绝缘性能的电气线路，严禁在电气线路上悬挂物品。破损、烧焦的插座、插头应及时更换。

（3）电气设备与可燃、易燃易爆和腐蚀性物品应保持一定的安全距离。

（4）有爆炸和火灾危险的场所，按危险场所等级选用相应的电气设备。

（5）配电屏上每个电气回路应设置漏电保护器、过载保护器，距配电屏2米范围内不应堆放可燃物，5米范围内不应设置可能产生较多易燃易爆气体、粉尘的作业区。

（6）可燃材料库房不应使用高热灯具，易燃易爆危险品库房内应使用防爆灯具。

（7）普通灯具与易燃物距离不宜小于300毫米，聚光灯、碘钨灯等高热灯具与易燃物距离不宜小于500毫米。

（8）电气设备不应超负荷运行或带故障使用。

（9）禁止私自改装现场供用电设施。

（10）应定期对电气设备和线路的运行及维护情况进行检查。

3. 用气管理

施工现场用气，应符合下列要求：

（1）储装气体的罐瓶及其附件应合格、完好和有效；严禁使用减压器及其他附件缺损的氧气瓶，严禁使用乙炔专用减压器、回火防止器及其他附件缺损的乙炔瓶。

（2）气瓶运输、存放、使用时，应符合下列规定：

1）气瓶应保持直立状态，并采取防倾倒措施，乙炔瓶严禁横躺卧放。

2）严禁碰撞、敲打、抛掷、滚动气瓶。

3）气瓶应远离火源，距火源距离不应小于10米，并应采取避免高温和防止暴晒的措施。

4）燃气储装瓶罐应设置防静电装置。

（3）气瓶应分类储存，库房内通风良好；空瓶和实瓶同库存放时，应分开放置，两者间距不应小于1.5米。

（4）气瓶使用时，应符合下列规定：

1）使用前，应检查气瓶及气瓶附件的完好性，检查连接气路的气密性，并采取避免气体泄漏的措施，严禁使用已老化的橡胶气管。

2）氧气瓶与乙炔瓶的工作间距不应小于5米，气瓶与明火作业点的距离不应小于10米。

3）冬季使用气瓶，如气瓶的瓶阀、减压器等发生冻结，严禁用火烘烤或用铁器敲击瓶阀，禁止猛拧减压器的调节螺钉。

4）氧气瓶内剩余气体的压力不应小于0.1兆帕。

5）气瓶用后，应及时归库。

四、其他施工消防安全管理

施工现场的重点防火部位或区域，应设置防火警示标识。

施工单位应做好施工现场临时消防设施的日常维护工作，对已失效、损坏或丢失的消防设施，应及时更换、修复或补充。

临时消防车道、临时疏散通道、安全出口应保持畅通，不得遮挡、挪动疏散指示标识，不得挪用消防设施。

施工期间，临时消防设施及临时疏散设施不应被拆除。

施工现场严禁吸烟。

[事故案例]

2010年11月15日，上海市静安区胶州路728号公寓大楼发生特别重大火灾事故，造成58人死亡，71人受伤，直接经济损失1.58亿元。

该起特别重大火灾事故是一起因企业违规造成的责任事故。事故的直接原因：在胶州路728号公寓大楼节能综合改造项目施工过程中，无证上岗的施工人员违规在10层电梯前室北窗外进行电焊作业，电焊溅落的金属熔融物引燃下方9层位置脚手架防护平台上堆积的聚氨酯保温材料碎块、碎屑引发火灾。事故的间接原因：建设单位、投标企业、招标代理机构相互串通、虚假招标和转包、违法分包；工程项目施工组织管理混乱；设计企业、监理机构工作失职；市、区两级建设主管部门对工程项目监督管理缺失等。

第八章 建筑施工主要作业工种安全常识

建筑工程施工包括架子工、电工、电气焊工、起重吊装工、模板工、混凝土工、油漆工、防水工、钢筋工、瓦工、抹灰工等工种，作业人员对各自从事工种的安全生产常识、安全操作规程都应该很好地掌握。

施工现场作业工人应定期参加安全活动，加强安全施工的自我保护意识，做到自己不伤害自己，自己不伤害他人，自己不被他人伤害。

第一节 模板作业安全常识

为了建造各种钢筋混凝土构件，在浇筑混凝土前，必须按照构件的形状和规格安装坚固的模板，使它能够承受施工过程给予它的各种荷载，确保混凝土浇筑作业的进行。

模板作业的常见事故是选配模板时的触电和机械伤害，模板安装和拆除中的高处坠落和物体打击，混凝土浇筑过程中的模板和支撑系统坍塌。施工作业中都要切实预防。

一、模板作业安全常识

（1）模板的支柱底部必须用木板垫牢，上下端固定牢靠。安装模板应该按照施工方案规定的程序进行，本道工序模板固定之前，不能进行下一道工序的施工。模板的支柱必须支撑在牢靠处；底部用木板垫牢，不准使用脆性材料铺垫。立柱要站直，上下端固定牢靠，保证立柱不下沉，而且上下端都不移位。

（2）模板及其支架在安装过程中，必须设置防倾覆的临时固定设施。

　　沿立柱的纵向及横向加设水平支撑和剪刀撑。当下层楼板未达到规定强度要求的情况下，支设上层模板时，下层的模板支柱不能提前拆除。

　　为保证模板的稳定性，除按照规定加设立柱外，还应在沿立柱的纵向及横向加设水平支撑和剪刀撑。

　　（3）不准站在模板上、钢筋上作业。

　　支模时，上下层立柱应在同一垂直线上，使其受力合理。

　　当模板高度在4米以上时，施工人员应在操作平台上作业；不足4米的，可在高凳上作业。不准站在模板上、钢筋上操作或在梁底模板上行走，更不准从模板的支撑杆上上下攀登。

　　（4）大模板要成对、面对面存放。

　　大模板堆放应有固定的堆放架，必须成对、面对面存入，防止碰撞或大风刮倒。大模板的拆除作业，应注意模板的稳定性，防止碰撞。

　　（5）拆除模板必须经工地负责人批准。

　　模板拆除前，必须确认混凝土强度已经达到要求，经工地负责人批准，方可进行拆除。

　　拆除模板时应按照规定的顺序进行，并有专人指挥。高处拆除的模板和支撑，不准乱放。

　　（6）禁止无关人员进入拆模现场。拆模现场要有专人负责监护，禁止无关人员进入拆模现场。禁止拆模人员在上下同一垂直面上作业，防止发生人员坠落和物体打击事故。

　　（7）不准采用大面积撬落的方法拆除钢模板。

　　拆除钢模板时不准采用大面积撬落的方法，防止伤人和损坏物料。

　　（8）不能留有悬空模板。

　　大面积模板拆除作业前，应在作业区周边设围挡和醒目标志，拆下的模板应及时清理、分类堆放。不能留有悬空模板，防止突然落下伤人。

二、高大模板作业安全常识

近几年，高大模板坍塌事故时有发生，造成其上作业人员群死群伤。因此，施工作业中，除遵守模板工一般安全常识外，还必须认真按高大模板的要求作业，切实预防各类事故发生。

（1）施工单位应当在下列危险性较大的分部分项工程施工前编制专项方案：

1）各类工具式模板工程。包括大模板、滑模、爬模、飞模等工程。

2）混凝土模板支撑工程。搭设高度5米及以上；搭设跨度10米及以上；施工总荷载10千牛/平方米及以上；集中线荷载15千牛/米及以上；高度大于支撑水平投影宽度且相对独立无联系构件的混凝土模板支撑工程。

3）承重支撑体系。用于钢结构安装等满堂支撑体系。

（2）施工单位应当组织专家对下列专项方案进行论证：

1）工具式模板工程。包括滑模、爬模、飞模工程。

2）混凝土模板支撑工程。搭设高度8米及以上；搭设跨度18米及以上，施工总荷载15千牛/平方米及以上；集中线荷载20千牛/米及以上。

3）承重支撑体系。用于钢结构安装等满堂支撑体系，承受单点集中荷载700千克以上。

（3）每一项高大模板工程，都要选用合乎要求的材料，并经专业技术人员针对地基基础和支模体系进行设计计算，编制施工方案。

（4）高大模板作业时，要认真执行施工方案，确保支模体系稳固可靠。支模作业初步完成后，要进行认真检查验收，确认无误才算完成。支模时，下方不应有人，禁止交叉作业，防止物体打击。

（5）高大模板的支模架一般采用钢管架体系，由架子工搭设。模板工配合作业时，也要按要求穿工作服，系好袖口与绑腿，系好安全带，戴好安全帽。

（6）支模要有操作平台，上下应有斜道，临边和斜道都要按规定做好防护。

（7）模板上堆放材料应固定其位置，防止大风刮落。而且堆放材料与设备不能过多和超重。

（8）混凝土浇筑中要指派专人对支模体系进行监护，发现异常情况，应立即停工，作业人员马上离开现场。险情排除后，经技术责任人检查同意，方可继续施工。

三、事故预防措施

模板安装前应向施工班组进行技术交底，有关施工及操作人员应熟悉施工图及模板工程的施工设计。

在钢模板上架设的电线和使用的电动工具，应采用 36 伏的低压电源或采取其他有效的安全措施。

登高作业时，连接件必须放在箱盒或工具袋中，严禁放在模板或脚手板上，扳手等各类工具必须系挂在身上或置于工具袋内，不得掉落。

钢模板用于高耸建筑施工时，应有防雷击措施。

高空作业人员严禁攀登模板或脚手架，也不得在高空的墙顶、独立梁及其模板等上面行走。

组合钢模板装拆时，上下应有人接应。钢模板应随装拆随转运，不得堆放在脚手板上，严禁抛掷踩撞，若中途停歇，必须把活动部件固定牢靠。

装拆过程中，除操作人员外，下面不得站人，高处作业时，操作人员应挂上安全带。

安装墙、柱模板时，应随时支撑固定，防止倾覆。

模板的预留孔洞、电梯井口等处，应加盖或设置防护栏，必要时应在洞口处设置安全网。

安装预组装成片模板时，应边就位、边校正和安设连接件，并加设临时支撑。

模板装拆时，垂直吊运应采取两个以上的吊点，水平吊运应采取四个吊点，吊点应合理布置并作受力计算。

预组装模板拆除时，宜整体拆除，并应先挂好吊索，然后拆除支撑及拼接两片模板的配件，待模板离开结构表面后再起吊，吊钩不得脱钩。

为避免突然整块坍落，拆除承重模板时应先设立临时支撑，然后进行拆卸。

模板支撑设完后要经过验收合格才能进行混凝土浇筑。

模板拆除前应向作业班组进行安全技术交底，拆除申请批准后方可进行拆除。

[事故案例]

2013 年 3 月 21 日 20 时 30 分，某工程在浇筑主楼中庭 5 层屋面梁柱混凝土过程中，模板支撑系统失稳坍塌，造成 8 人死亡，6 人受伤。

当日 7 时 40 分，8 名工人到主楼中庭 5 层屋面浇筑 S 至 J 轴、20 至 25 轴屋面梁柱板，6 名泵工在屋面配合浇筑施工。18 时左右，施工现场有人听到支撑架体有异响，在没有检查的情况下，在 24 轴梁附近东北向 1 米左右一次性倾倒约 7 立方米混凝土。20 时 30 分，中庭已浇筑混凝土部位的支撑系统发生垮塌，正在屋面作业的部分工人随已浇筑的钢筋混凝土和部分坍塌的模板支架坠落。

这起事故的主要原因是：建设单位未批先建、违法建设；多次变更工程设计，增加工程量而不相应变更工期，导致施工单位为抢工期盲目组织施工。施工单位擅自将架体非法分包给个人，在没有专项施工方案，也没有对操作人员进行详细交底的情况下，为抢工期，租赁不合格建材进行违规搭设；现场混凝土浇筑采取梁、柱、板一起进行浇筑，严重违反了安全技术规范，为事故的发生埋下了重大隐患。

第二节　脚手架作业安全常识

脚手架的搭设拆除均为高处作业，架子工要特别注意预防高处坠落，另外在架子搭设、拆除过程中会由于钢管、扣件或工具坠落造成物体打击。物体打击事故也需预防。

一、架子工的安全常识

（1）架子工是属国家规定的特种作业人员，必须经过有关部门进行安全技术培训、考试合格，持"特种作业操作证"上岗。

（2）脚手架的搭设、拆除作业是悬空、攀登高处作业。年龄不满18周岁者，不得从事高空作业。

（3）患有心脏病、贫血病、高血压、低血压、癫痫病及其他不适应高空作业的病症者，不得从事高空作业。

（4）酒后禁止高空作业。

（5）六级以上风力、雷雨天气，禁止作业。

（6）在架子上作业人员上下均应走人行梯道，不准攀爬架子。

（7）在高处递运材料要尽量站在楼层上递运。必须上脚手架时，要先看脚手板铺装是否严密牢固，有无探头板，架子是否牢固，防护栏杆是否齐全。

（8）高处作业人员在无可靠安全防护设施时，必须先挂牢安全带后再作业。安全带应高挂低用，不准将绳打结使用，也不准将挂钩直接挂在安全绳上使用，应挂在连接环上使用。

（9）架子上作业人员不要太集中；堆料要平稳，不要过多过高，以免超载或坠落。

（10）施工作业层的脚手板必须封闭铺满、铺稳，并不得有探头板、飞跳板；翻脚手板应两人由里往外按顺序进行，在铺第一块或翻到最外一块脚手板时必须挂牢安全带。工具应随手放入工具袋。

（11）严禁用踏步式、分段、分立面拆除法，若确因装饰等特殊需要保留某立面脚手架时，应在该立面架子开口两端随其立面进度（不超过两步架）及时设置与建筑物拉结牢固的横向支撑。

（12）搭设、拆除脚手架时严禁碰撞附近电源线，以防止事故发生。

二、拆除脚手架的安全常识

（1）拆架子人员一般2~3人为一组，协同作业互相关照、监督。

（2）拆架子的高处作业人员应戴安全帽，系安全带，扎裹腿，穿软底鞋方可作业。

（3）拆除脚手架，周围应设围栏或警戒标志，并设专人看管，禁止无关人员入内。

（4）架子拆除时要自上而下按顺序拆除，所有杆件材料均按先搭后拆、后搭先拆的原则依次进行。拆下的材料要随拆随清理，不得随便从高处向下抛掷物料。从架子向下送料时要上下配合，做到上呼下应，不准上下同时作业。

（5）大片架子拆除后预留的斜道、上料平台、通道等，应在大片架子拆除前进行加固，以便拆除后能确保其完整，安全可靠。

（6）在拆架过程中，不得中途换人，必须换人时，应将拆除情况交代清楚后方可离开。

（7）拆除脚手架立杆时，要先抱住立杆再拆开最后两个扣，拆除大横杆、斜撑、剪刀撑时，应先拆中间扣，然后托住中间，再拆两头扣，由中间操作人往下顺杆子。

（8）连墙杆应随拆除进度逐层拆除，拆抛撑前，应用临时撑支住，然后才能拆抛撑。

（9）拆下的脚手板、钢管、扣件、钢丝绳等材料，应向下传递或用绳吊下，禁止往下投扔。

（10）拆除烟囱、水塔外架时，禁止架料碰断缆风绳，同时拆至缆风处方可解除该处的缆风绳，不能提前解除。

（11）拆除时不得拉坏门窗、玻璃、水管、房檐瓦片、地下明沟等物品。

三、脚手架检查与验收

（1）脚手架及其地基基础应在下列阶段进行检查与验收：

1）基础完工后及脚手架搭设前。

2）作业层上施加荷载前。

3）每搭设完 6~8 米高度后。

4）达到设计高度后。

5）遇有六级强风及以上风或大雨后，冻结地区解冻后。

6）停用超过一个月。

（2）脚手架使用中，应定期检查下列项目：

1）杆件的设置和连接，连墙件、支撑、门洞桁架等的构造是否符合要求。

2）地基是否积水，底座是否松动，立杆是否悬空。

3）扣件螺栓是否松动。

4）高度在24米以上的脚手架，其立杆的沉降与垂直度的偏差是否符合规范要求。

5）安全防护措施是否符合要求。

6）是否超载。

[事故案例]

1983年，北京市东长安街的某院工地，东段一座刚刚搭起的高54米、长17米（自重56吨）的双排钢管脚手架突然塌落，12名架子工随架子同时坠落，被压在垮塌的架子下面，其中5人当场死亡，7人负伤。架子距地面5米左右处的立杆首先变形，向外弯曲，引起群柱失稳，造成架子整体先下沉，而后成"之"字形折叠垮塌。发生事故的主要原因是：

（1）为抢进度，未经批准擅自改变原施工组织设计中外装饰用吊篮的方案，擅自决定搭设钢管双排外架。

（2）高大架子只拟出一份简单的搭设方案，只要立杆加密，单杆改双杆等。对高十几米长的大片架子的稳定性、立杆承载能力、与墙拉接等关键问题，均未加以明确。特别是对建筑物一二层的凹进部位未予考虑。

（3）双排架子下面三步未要求铺脚手板，也没有考虑多设置小横杆。

（4）地基未平整夯实。工人抢进度没向工长汇报，仅用木方木板把坑凹处垫了垫，造成立杆受力不均匀。

（5）西段已经搭完的高大架子没有组织有关部门验收，因而也发现不了东段架子结构上存在的严重问题。

第三节　电气焊作业安全常识

在电气焊作业过程中，容易造成触电、火灾及电弧伤害等事故。因此，每个焊工应熟悉有关安全防护知识，自觉遵守安全操作规程，加强劳动保护意识，确保作业者的身体健康。

一、电气焊工作业安全常识

（1）焊工是特种作业人员，应经过专门培训，掌握电气焊安全技术，并经过考试合格，取得特种作业证书后方能上岗。

（2）焊机一般采用 380 伏或 220 伏电压，空载电压也在 60 伏以上，因此焊工首先要防止触电，特别是在阴雨、打雷、闪电或潮湿作业环境中。

1）焊工作业时要穿好胶底鞋，戴好防护手套，正确使用防护面罩；不得光膀子、穿拖鞋或赤脚作业。

2）更换焊条时要戴好防护手套，夏天出汗及工作服潮湿时，注意不要靠在钢材上，避免触电。

（3）电气焊作业时，由于金属的飞溅极易引起烫伤、火灾，因此要切实做好防止烫伤、火灾的防护工作。

1）焊工作业时穿戴的工作服及手套不得有破洞，如有破洞，应及时补好，防止火花溅入而引起烫伤。

2）电气焊现场必须配备灭火器材，危险性较大的应有专人现场监护。严禁在储存有易燃、易爆物品的室内或场地作业。

3）露天作业时，必须采取防风措施，焊工应在上风位置作业，风力大于 5 级时不宜作业。

4）高处作业时，应仔细观察作业区下面有没有其他人员，并采取相应措施，防止焊渣飞溅造成下面人员烫伤或发生火灾。

（4）焊接电弧产生的紫外线对焊工的眼睛和皮肤有较大的刺激性，因此必须做好电弧伤害的防护工作。

1）焊工操作时，必须使用有防护玻璃且不漏光的面罩，身穿工作服，手戴工作手套，并戴上脚罩。

2）开始作业引弧时，焊工要注意周边其他作业人员，以免强烈弧光伤害他人。

3）在人员众多的地方焊接作业时，应使用屏风挡隔。

（5）清除焊渣、铁锈、毛刺、飞溅物时，应戴好手套和防护眼镜，防止损伤。

（6）搬动焊件时，要戴好手套，且小心谨慎，防止划破皮肤或造成人身事故。

（7）焊工高处作业时要用梯子上下，焊机电缆不能随意缠绕，要系好安全带。焊工用的焊条、清渣锤、钢丝刷、面罩等要妥善安放，以免掉下伤人。

（8）焊接前要检查电器线路是否完好，外壳接地是否牢固，检查周围环境，不能有易燃易爆物品。

（9）氧气瓶严禁与油污接触，不能强烈振动，以免爆炸。

（10）严禁烟火，严禁用手触摸焊后工件，防止烫伤。

（11）焊后的工件要摆放到指定的位置，不准乱扔乱放。

二、焊接安全管理中的"十不焊"

（1）不是焊工不焊。

（2）要害部位和重要场所未经批准不焊。

（3）不了解焊接地点周围情况不焊。

（4）用可燃材料作保温隔音的部位不焊。

（5）装过易燃易爆物的容器未按规定处理不焊。

（6）不了解焊接物内部情况不焊。

（7）密闭或有压力的容器管道不焊。

（8）焊接部位有易燃易爆物品不焊。

（9）附近有与明火作业相抵触的作业不焊。

（10）禁火区内，未办理好动火审批手续时不焊。

第四节　起重机作业安全常识

建筑施工起重机械是一种垂直升降或垂直升降并可水平移动重

物的机电设备。较为常用的施工起重机械主要包括：塔式起重机、施工升降机、物料提升机等。塔式起重机、施工升降机、物料提升机等施工起重机械的操作工（也称为司机）、司索、指挥、安拆等作业人员属特种作业，必须按国家有关规定经专门安全作业培训，取得特种作业操作资格证书，方可上岗作业。

一、塔式起重机

塔式起重机在使用中常常因安全装置（四限位、两保险）不齐全或不可靠造成事故。

1. 塔式起重机的安全装置

塔式起重机"四限位"装置主要指力矩、超高、变幅、行走限位装置；"两保险"装置主要指吊钩保险和卷筒保险装置。

（1）超载限制器。塔式起重机应装有超载限制器。当荷载达到额定起重量的90%时，发出报警信号；当起重量超过额定起重量时，应切断上升方向的电源，机构可做下降方向运动。

（2）超高限制器。当吊钩架上升到距定滑轮小于1 000毫米时，超高限制器应能切断吊钩上升方向的电源。

（3）变幅限制器。小车变幅式塔式起重机当小车行驶至距吊臂端部500毫米处时，应能切断小车运行方向的电源。

（4）回转限制器。对回转部分不设集电器的起重机，应安装回转限制器，起重机回转部分在非工作状态下必须保证可自由转动，对有自锁作用的回转机构，应安装安全极限力矩联轴器。

（5）行走限位器。限位器开关挡铁应设置在距道轨端部不小于3米处，开关挡铁的两端最大距离不得大于电缆长度。限位器碰撞挡铁时应能切断运行方向的电源。

（6）吊钩保险。弹簧锁片或保险装置的锁片应能承受一定的水平横向力，以防钢丝绳窜动而损坏锁片造成保险装置失灵。禁止在吊钩上打眼或焊接。

（7）卷扬机滚筒保险。起升机构滚筒应安装防止起重钢丝绳越出滚筒的装置。

（8）夹轨钳是轨道运行式塔吊的安全装置，在下班、吃饭及较长时间的临时停车时，必须将四个轨钳同时卡紧，防止大风突然来袭造成事故。塔吊应该具有安全装置。

2. 附墙装置

塔式起重机高度超过说明书规定的自由高度时，必须安装附墙装置。生产厂家所提供的附墙装置安装位置不能大于说明书要求的距离。

3. 塔式起重机的安装

（1）塔吊基础

1）塔吊基础的混凝土必须做强度试压，并取得强度报告。

2）基础预埋地脚螺栓应是塔机原厂产品或符合试验单合格的要求。地脚螺栓要保持足够的露出地表面的长度，每个地脚螺栓要用双螺帽预紧。

3）基础表面的水平度不能超过 1/1 000，基础周围不得积水，不得随意挖坑或开沟。

（2）多塔作业

1）两台或两台以上塔式起重机在相靠近的位置、轨道或在同一条轨道上作业时，应保持两塔式起重机之间的最小距离，保证处于低位的塔式起重机的臂端部与另一个塔式起重机塔身之间至少有2米的距离。处于高位的塔式起重机（吊钩升至最高点）与低位的塔式起重机之间，在任何情况下，其垂直方向的间距不得小于2米。

2）当施工现场存在交叉作业或因场地限制不能满足要求时，应同时采取以下两种措施：

①组织措施。制定防碰撞措施，对塔式起重机作业范围及行走路线进行规定，对司机、指挥进行防碰撞的专项安全技术交底，并由专业监护人员监督执行。

②技术措施。应设置行程限位装置、缩短臂杆、升高（下降）塔身等措施，防止塔式起重机超越作业范围，发生碰撞事故。

（3）安装验收。塔式起重机试运转及验收包括以下主要内容：

1）技术检查。检查塔式起重机各连接部位的紧固情况、滑轮与钢丝绳接触情况，电气线路、安全装置以及塔式起重机安装精度。在无载荷情况下。塔身与地面垂直度偏差不得超过3‰。

2）空载试验。按提升、回转、变幅、行走机构分别进行动作试验，并做提升、回转、变幅、行走联合动作试验。试验过程中碰撞各限位器，检验其灵敏度。

3）额定荷载试验。吊臂在最小工作幅度，提升额定最大起重量，重物离地200毫米，保持10分钟，离地距离不变（此时力矩限制器应发出报警讯号）。试验合格后，分别在最大、最小、中间工作幅度进行提升、回转、行走动作试验及联合动作试验。

4）进行以上试验时，应用经纬仪在塔式起重机的两个方向观测塔式起重机变形及恢复情况，观察试验过程中有无异常情况，以及升温、漏油、油漆脱落等情况，进行记录、测定，最后确认是否合格。

5）塔式起重机安装完毕必须进行试运转及验收，填写验收单，参加验收的人员及负责人必须本人签字。试运转及验收和检测要有翔实的记录，塔式起重机垂直度、接地电阻值等必须有实测记录和数据。

4. 操作员规定

（1）操作人员要严格执行操作规程，认真做好塔式起重机工作前、工作中及工作后的安全检查和维护保养工作，严禁机械"带病运转"。

（2）工作中的司机、指挥及司索人员要密切配合，严格按指挥信号操作。司机和指挥人员不得擅离工作岗位。

（3）起重吊装中坚决执行"十不准吊"：

1）超载或被吊物质量不清不准吊。

2）指挥信号不明确不准吊。

3）捆绑、吊挂不牢或不平衡可能引起吊盘滑动不准吊。

4）被吊物上有人或浮置物不准吊。

5）结构或零部件有影响安全的缺陷或损伤不准吊。

6）斜拉歪吊和埋入地下物不准吊。

7）单根钢丝绳不准吊。

8）工作场地光线昏暗，无法看清场地被吊物和指挥信号不准吊。

9）重物棱角处与捆绑钢丝绳之间未加衬垫不准吊。

10）易烧易爆物品不准吊。

5. 塔吊使用安全注意事项

（1）塔式起重机吊运作业区域内严禁无关人员入内，起吊物下方不准站人。

（2）司机（操作）、指挥、司索等工种应按有关要求配备，其他人员不得作业。

（3）六级以上强风不准吊运物件。

（4）作业人员必须听从指挥人员的指挥，吊物起吊前作业人员应撤离。

（5）吊物的捆绑要求

1）吊运散件时，应采用铁制料斗，料斗内装物高度不得超过料斗上口边，散粒状的轻浮易撒物盛装高度应低于上口边线10厘米，做到吊点牢固，不撒漏。

2）吊运条状的物件（如钢筋）时，所吊物件被埋置或起吊力不能明确判断时，不得吊运，且不得斜拉所吊物件。

3）吊运有棱角的物件时，应做好防护措施。

4）吊运物件时，吊运物质量应清楚，不得超载，且要捆绑，吊挂牢固、平衡。吊运物件上不得站人或有浮置物。

5）当起重机或周围确认无人时，才可闭合主电源。如电源断路装置上加锁或有标牌时，应由有关人员除掉后方可闭合主电源。

［事故案例］

2008年10月10日，某市建筑安装有限公司刘家村施工工地发生一起建筑塔吊倒塌事故，造成相邻幼儿园5名儿童遇难，2名儿童重伤，1名塔吊司机轻伤，直接经济损失约300万元。当日，杨某建筑施工队组织10号楼封顶作业，塔吊操作人员操作塔吊向上吊装重约700斤的水泥砂浆，当起吊的砂浆吊斗离开地面时，发现吊绳绕住了砂浆吊斗上部的一个边角，于是将砂浆吊斗下放，在下放过程中塔身前后晃动，随即塔吊由东向西倾倒，倾倒的塔吊吊臂砸向了西邻幼儿园。

事故直接原因是塔式起重机塔身底部主肢存有疲劳裂纹和断裂，塔吊安装人员未尽安全检查责任导致事故发生。间接原因是施工队伍无资质、作业人员未经培训上岗作业和有关部门的监督管理不到位等。

二、施工升降机使用安全知识

施工现场一般使用的施工升降机有两种：一种是外用电梯（人货两用电梯），另一种是专为解决物料的垂直运输的物料提升机（龙门架、井字架）。

1. 外用电梯

外用电梯一般附着在建筑物外侧，所以称外用电梯。多以齿条传动，架体与建筑结构附着保证架体的稳定，载重量一般为1 000千克，可以乘载施工人员或物料上下，是由专用厂家生产的定型产品。

（1）安全装置。外用电梯的安全装置有制动器、限速器、门连锁装置、上下限位装置等。

1）制动器。制动器是保证外用电梯运行安全的主要安全装置，必须灵敏可靠。由于电梯起动、停止频繁及作业条件的变化，制动器容易失灵，司机要严格执行日常维护保养制度，经常保持自动调节间隙机构的清洁；机械维修管理人员及安全管理人员要及时检查，及时维修，及时进行动作试验。

2）限速器。限速器是电梯的保险装置，电梯在每次安装后进行检验时，应同时进行坠落试验。限速器每两年标定一次（到有检验资质的单位）。

3）门连锁装置。门连锁装置要确保笼门关闭严密时，梯笼方可运行。

4）上下限位装置。上下限位装置应保障梯笼碰撞上下极限位置时，自动切断运动方向的电源，制动停止。

（2）外用电梯使用安全注意事项

1）每班作业前必须做空载或额定荷载试验。将梯笼分别上升离地面 1 米左右停车，检查制动器的灵敏性，正常后方可投入使用。

2）依据外用电梯使用说明书，在梯笼外明显位置悬挂额定荷载牌，标明额定载重量和额定人数，严禁超载使用。

3）外用电梯未加配重时，严禁载人（设计无配重的除外）。

4）外用电梯的使用必须有明确的联络信号，采用电铃、楼层对讲系统等，信号必须准确。

5）电梯必须由经培训考核取得"特种作业操作证"的专职电梯司机操作，禁止无证人员随意操作。

6）六级以上强风时应停止使用电梯，并将梯笼降到底层。台风、大雨后，要先检查安全情况后才能使用。

7）电梯笼乘人、载物时应使荷载均匀分布，严禁超载使用。

8）电梯安装完毕正式投入使用之前，应在首层一定高度的地方搭设防护棚，搭设应按高处作业规范要求进行。

9）电梯底笼周围 2.5 米范围内，必须设置稳固的防护栏杆。各停靠层的过道口运输通道应平整牢固。

10）通道口处，应安装牢固可靠的栏杆和安全门，并应随时关好。其他周边各处，应用栏杆和立网等材料封闭。

11）乘笼到达作业层时，待梯笼停稳后才可推开梯笼的门，再推开平台口的防护门，进入平台后，随手关好平台的防护门。

12）从平台乘梯时，进入梯笼站稳后，先关好平台的安全防护门，然后才关梯笼的门，必须关好平台的安全门后，司机才能开动。

13）乘梯人在停靠层等候电梯时，应站在建筑物内，不得聚集在通道平台上，不得将头、手伸出栏杆和安全门外，不得以榔头、铁件、混凝土块等敲击电梯立柱呼叫电梯。

[事故案例]

2012 年 9 月 13 日 13 时 10 分许，武汉市东湖生态旅游风景区

东湖景园 C 区 7 - 1 号楼建筑工地，发生一起施工升降机坠落造成
19 人死亡的重大建筑施工事故，直接经济损失约 1 800 万元。9 月
13 日 11 时 30 分许，升降机司机李某将东湖景园 C7 - 1 号楼施工升
降机左侧吊笼停在下终端站，按往常一样锁上电锁拔出钥匙，关上
护栏门后下班。当日 13 时 10 分许，李某仍在宿舍正常午休期间，
提前到该楼顶楼施工的 19 名工人擅自将停在下终端站的 C7 - 1 号
楼施工升降机左侧吊笼打开，携施工物件进入左侧吊笼，操作施工
升降机上升。该吊笼运行至 33 层顶楼平台附近时突然倾翻，连同
导轨架及顶部 4 节标准节一起坠落地面，造成吊笼内 19 人当场死
亡。

　　直接原因是：事故发生时，事故施工升降机导轨架第 66 和 67
节标准节连接处的 4 个连接螺栓只有左侧两个螺栓有效连接，而右
侧（受力边）两个螺栓连接失效无法受力。在此工况下，事故升降
机左侧吊笼超过备案额定承载人数（12 人），承载 19 人和约 245
千克物件，上升到第 66 节标准节上部（33 楼顶部）接近平台位置
时，产生的倾翻力矩大于对重体、导轨架等固有的平衡力矩，造成
事故施工升降机左侧吊笼顷刻倾翻，并连同 67 ~ 70 节标准节坠落
地面。

2. 物料提升机

　　物料提升机架体应使用厂家生产的定型产品，必须经法定的有
关部门鉴定检验合格。

　　（1）安全防护装置。一般物料提升机安全防护装置主要有：吊
篮停靠装置、超高限位装置。

　　高架提升机的安全装置有吊篮停靠装置、超高限位装置、下极
限限位器、缓冲器、超载限制器等。

　　1）吊篮必须设置定型化的停靠装置和断绳保护装置。停靠装
置和断绳保护装置必须可靠、灵活。

　　①安全停靠装置。当吊篮运行到位时，停靠装置能将吊篮定
位，并能可靠地承担吊篮自重、额定荷载和吊篮内作业人员和运送
物料时的工作荷载。

②断绳保护装置。是安全停靠的另一种形式，即当吊篮运行到位作业人员进入吊篮内作业，或当吊篮上下运行中，若发生断绳时，此装置迅速将吊篮可靠地停住并固定在架体上，确保吊篮内人员不受伤害。

2）超高限位装置。在天梁底部不少于 3 米处或卷扬机机体上，设置超高限位装置。超高限位装置必须灵敏可靠。使用摩擦式卷扬机时，超高限位装置必须采用报警方式，禁止使用断电方式。

3）提升机还必须安装紧急断电装置开关和信号装置。

4）下极限限位器。当吊篮达到最低限定位置时，限位器自动切断电源，吊篮停止下降。

5）缓冲器。在架体的最下部底坑内设置缓冲器，当吊篮以额定荷载和规定的速度作用到缓冲器上时，应能承受相应的冲击力。

6）超载限制器。在达到额定荷载的 90% 时，发出报警信号提示司机，荷载达到和超过额定荷载时，切断起升电源。

（2）与建筑物的拉结

1）连墙杆件的设置应符合设计要求，间隔不宜大于 9 米，且在建筑物顶层必须设置 1 组，架体的自由高度不应超过 6 米。

2）连墙杆件材质应与架体材料相同。

3）连墙杆件与架体及建筑物结构之间，均应采用刚性连接，并形成稳定结构。

4）禁止架体与建筑脚手架连接。

（3）对钢丝绳的要求。钢丝绳应维护保养好，不得有严重的扭结、变形、锈蚀、断丝、缺油现象，严禁使用拆减、接长或报废钢丝绳。

1）钢丝绳应使用配套的天轮和地轮等滑轮。滑轮组直径与钢丝绳直径比值：低架提升机不应小于 25；高架提升机不应小于 30。滑轮组与架体（或吊篮）应采用刚性连接，严禁采用钢丝绳、铅丝等柔性连接和使用开口滑轮。

2）钢丝绳在卷筒上要排列整齐，不得咬绳和相互压绞，不得从卷筒下方卷入。当吊篮处于工作最低位置时，不得少于 3 圈。

3）卷筒上的绳端固接应选用与其直径相适应的绳卡、压板等固定牢固。采用绳卡固接时，工作绳卡数量不得少于 3 个，此外，还应在尾端加一个安全绳卡。绳卡间距不应小于钢丝绳直径的 6 倍，绳头距安全绳卡的距离不小于 140 毫米，并用细钢丝绳捆扎。绳卡滑鞍放在钢丝绳工作时受力的一侧，U 形螺栓扣在钢丝绳的尾端，不得正反交错设置绳卡。

4）在天梁上固定端应有防止钢丝绳受剪的措施。

5）钢丝绳在地面上的部分，不得拖地，过路处要有保护措施。

（4）楼层卸料平台。楼层卸料平台的宽度不小于 800 毫米，采用木脚手板横铺，铺满、铺严、铺稳。严禁用钢模板做平台板。

1）平台两侧应设 1～1.2 米高防护栏杆，并挂安全网。

2）卸料平台内侧均应设定型化、工具化的防护门，防护门要开、关灵活，使用方便、有效，防护门高 1～1.2 米。

3）设置防护棚和防护门。防护棚宽度应大于提升机的外部尺寸，长度：低架提升机应大于 3 米，高架提升机应大于 5 米。防护棚顶部铺厚度不小于 50 毫米的木板，并铺满、铺严。防护门应在吊篮离开地面上升时自动落下，吊篮落下到地面时自动抬起。

（5）吊篮。吊篮两侧应设置固定栏板，其高度为 1～1.2 米。

1）吊篮进出料口必须设置定型化、工具化的安全门，进出料时开放，垂直运输时关闭。安全门应开、关灵活，结实严密。

2）高架提升机应采用吊笼运送物料，吊笼的顶板可采用厚度 50 毫米的木板。

3）吊篮严禁使用单根钢丝绳提升。

（6）物料提升机安装与拆除安全要求：

1）高架提升机的基础应进行设计，其埋深和做法应符合设计和使用规定。低架提升机基础：土层压实后承载力应不小于 80 千帕；浇注 300 毫米厚 C20 砼并预埋地脚螺栓；基础表面应平整，水平度偏差不大于 10 毫米；基础上平面略高于地坪，并做排水沟。

2）架体安装的垂直偏差、架体与吊篮间隙应符合《龙门架及井架物料提升机安全技术规范》规定。

3）架体的外侧必须采用安全网封闭。

4）井字架与各楼层通道连接的开口处，必须采取加强措施。

5）提升机附设摇臂把杆时，必须进行设计计算。

6）禁止使用倒顺开关作为卷扬机的控制开关。

7）提升机安装和拆除前，操作人员要仔细检查现场周围环境，清除障碍物，划定危险区并设置围栏或警戒标志，拆除时要设专人监护。

8）安装和拆除要统一指挥，操作人员要服从领导、密切配合，严格按交底顺序、安全措施进行，特别是拆除缆风绳时要注意架体的稳定情况。

9）安装和拆除作业中，严禁从高处向下抛掷物体。拆下的杆件等应及时清理，放置在规定的位置，并码放整齐。

10）安装和拆除卷扬机，必须先切断电源，经检查无误后才能进行拆除作业。

11）安装和拆除缆风绳或连墙杆件前，应先设置临时缆风绳或支撑，确保架体自由高度不大于两个标准节。

12）安装和拆除龙门架天梁前，应先分别对两立柱采取稳固措施，保证立柱的稳定。

13）安装和拆除作业宜在白天进行，夜间作业应有良好的照明，因故中断作业时，应采取临时稳固措施。

（7）传动系统

1）宜选用可逆式卷扬机，高架提升机不得选用摩擦式卷扬机，卷筒与钢丝绳直径比应不小于30。卷扬机滚筒上必须设防止钢丝绳超越卷筒两端凸缘的保险装置。

2）卷扬机钢丝绳的第一个导向滑轮（地轮）与卷扬机卷筒中心线的距离，带槽卷筒应大于卷筒宽度的15倍，无槽卷筒应大于20倍。

3）卷扬机固定，必须埋设满足受力的地锚。地锚与卷扬机的拉结应采用一级圆钢牢固固定，其直径必须满足要求，不得利用树木、电杆或桩锚固定卷扬机。

（8）使用管理要求

1）提升机上应标明提升质量，严禁超载运行。

2）吊篮提升后，吊篮下严禁有人停留。

3）上料人员要远离提升机，其他各层人员不得向竖井内探头。

4）吊篮与架体的涂色应有明显区别。

5）严禁乘坐吊篮上下。

6）吊运材料的长度应严格控制。一般不得超过吊篮的长度。如超过长度，必须采取有效措施，并将材料捆绑、垫稳。码放高度不得超过栏板，零散材料应装入容器后进行吊运。

7）提升机第一次投入使用前，应按设计文件及使用说明书进行空载、额定荷载、超载试验，安全装置可靠性试验，特定情况下应重新进行超载试验外的其他试验。提升机使用前及使用中要按规定进行定期检查和日常检查。

8）卷扬机应搭设操作棚，操作棚要防雨、防砸。

9）吊篮升降必须有统一的指挥信号（旗、笛、电铃等），做到指挥信号准确无误。

10）物料提升机用于运载物料，严禁载人上下；装卸料人员、维修人员必须在安全装置可靠或采取了可靠的措施后，方可进入吊笼内作业。

11）物料提升机进料口必须加装安全防护门，并按高处作业规范搭设防护棚，设安全通道，防止人员从棚外进入架体中。

12）物料提升机在运行时，严禁对设备进行保养、维修，任何人不得攀登架体和从架体内穿过。

三、起重吊装安全常识

1. 起重吊装前的准备工作

（1）作业前应根据作业特点编制专项施工方案，并对参加作业人员进行安全技术交底。

起重作业前，应根据施工组织设计或施工方案划定危险作业区域，并设醒目的警戒标志，防止无关人员进入。在路口或行人、车辆易出现的位置应设有专人警戒。

（2）起重机启动前重点检查项目

1）各安全保护装置和指示仪表齐全完好。

2）钢丝绳及连接部位符合规定。

3）燃油、润滑油、液压油及冷却水添加充足。

4）各连接件无松动。

5）轮胎气压符合规定。

6）作业前，应全部伸出支腿，并在撑脚板下垫方木，调整机体使回转支撑面的倾斜度不大于1/1 000。

7）汽车式起重机起吊作业时，汽车驾驶室内不得有人，重物不得超越驾驶室上方，且不得在车的前方起吊。

8）起吊重物达到额定起重量的90%以上时，严禁同时进行两种及以上的操作动作。

9）当轮胎式起重机带载行走时，道路必须平坦坚实，重物应在起重机正前方向，载荷不得超过允许起重量的70%，重物离地面不得超过500毫米，并应拴好拉绳，缓慢行驶。行驶时，严禁人员在底盘走台上站立或蹲坐，并不得堆放物件。

10）对作业路面的要求如下：

①作业道路平整坚实，一般情况纵向坡度不大于3%。横向坡度不大于1%。行驶或停放时，应与沟渠、基坑保持5米以外，且不得停放在斜坡上。

②地面铺垫的材料要符合规定，不得使用腐朽和易碎的材料当作起重机械的铺垫。

11）起重机械及配套装置安装完毕后，需经主管领导组织有关部门进行验收，合格后方可作业。

（3）对钢丝绳的要求。起重钢丝绳应满足不同用途的安全系数。钢丝绳按起重方式确定安全系数，人力驱动时，安全系数不小于4.5；机械驱动时，不小于5~6。

1）钢丝绳在卷扬机滚筒上的安全圈数不小于3圈，绳的末端固定牢靠，在保留2圈的状态下应能承受1.25倍的钢丝绳额定拉力。

2）卷扬机的额定拉力大于 85 千牛时应设置排绳装置，卷扬机卷筒边缘至最外层钢丝绳的距离不小于钢丝绳直径的 2 倍。

3）缆风绳用钢丝绳绳径应经过计算，且安全系数不小于 3.5，跨越输电线路应符合要求。

4）用绳卡连接时应满足要求，同时，连接强度不得小于钢丝绳破断拉力的 85%；用编接法进行连接时编接长度应大于或等于绳径的 15 倍，且不得小于 300 毫米。同时，连接强度不得小于钢丝绳破断拉力的 75%。

5）钢丝绳锈蚀、磨损、断丝应按《起重机械用钢丝绳检验和报废实用规范》检验，降低标准使用或做报废处理。

6）钢丝绳失去正常状态，产生下列情形时，不宜再做起重吊装用绳：

①波浪形。

②笼状畸变。

③绳股、绳芯或钢丝挤出。

④绳径局部增大或缩小。

⑤钢丝绳拱扁。

⑥扭结、弯折，或被电弧灼伤或加热退火。

7）滑轮与钢丝绳要匹配合理。滑轮槽应光洁平滑，不得有损伤钢丝绳的缺陷。滑轮出现以下情形时应报废：

①裂纹或轮缘破损。

②轮槽不均匀磨损超过 3 毫米。

③滑轮槽的壁厚磨损达 20%。

④滑轮槽底部磨损超过钢丝绳直径的 25%。

⑤其他磨损钢丝绳的缺陷。

8）地锚应按施工方案规定的规格和位置设置，如发现有沟坑、地下管线等情况，应重新选择锚点。

（4）吊点设置的位置

1）在重物起吊、翻转、移位等作业中都必须使用吊点，吊点应与重物的重心在同一垂直线上，且应在重心之上（吊点与重物重心的连线和重物的横截面垂直），保证重物垂直起吊，禁止斜吊。

2）当采用几个吊点起吊时，各吊点的合力作用点应在重物重心的位置上。必须正确计算每根吊索的长度，保证重物在吊装过程中始终保持稳定位置。

3）构件无吊鼻需要用钢丝绳捆绑时，必须对棱角处采取保护措施，防止切断钢丝。

4）索具应按施工方案确定的要求选用，并符合安全要求。吊索应采用 $6×19$ 或 $6×37$ 型钢丝绳制作。钢丝绳做吊索时，其安全系数不小于 $6~8$。

5）使用卡环应使长度方向受力，绳卡压板应在受力绳一侧。

2. 起重吊装时应注意的事项

（1）汽车吊、轮胎吊必须由起重机司机驾驶，严禁同车的汽车司机与起重机司机相互替代（司机持有两种证件的除外）。

1）起重机的指挥信号必须符合国家标准《起重吊运指挥信号》的规定。

2）在高处作业，若受条件限制时，必须设置信号传递人员，确保起重机司机能清晰准确地看到或听到指挥信号。

3）起重吊装作业，吊装指挥、司机、起重工要密切配合，严格按照起重操作规程作业。

（2）经常使用的起重工具使用注意事项

1）手动倒链。操作人员应经培训合格后方可上岗作业，吊物时应挂牢后慢慢拉动倒链，不得斜向拽拉。当一个人拉不动时应查明原因，禁止多人一齐猛拉。

2）手扳葫芦。操作人员应经培训合格后方可上岗作业，使用前检查自锁夹紧装置的可靠性，当夹紧钢丝绳后，应能往复运动，否则禁止使用。

3）千斤顶。操作人员应经培训合格后方可上岗作业，千斤顶置于平整坚实的地面上，并垫硬木防止滑动。开始操作时应逐渐顶升，注意防止顶歪，始终保持重物的平衡。

第五节　中小型机械安全作业常识

中小型施工机械主要包括：混凝土搅拌机、砂浆搅拌机、卷扬机、蛙式打夯机、砂轮机、混凝土振捣器、钢筋切断机、钢筋弯曲机、钢筋冷拉机、圆盘锯等。

一、一般规定

（1）在施工现场，操作中小型机械要经过操作培训，取得操作证才能操作。

（2）使用施工机械必须经管理人员许可，未经许可，任何人不得擅自使用机械。

（3）使用机械前，必须对机械进行检查和试运转。如发现有不符合使用要求的地方，不得使用，一定要经过维修，排除故障、消除隐患后，才能使用。

（4）在使用机械设备的过程中，操作人员应做到"调整、紧固、润滑、清洁、防腐"十字作业的要求，按有关要求对机械设备进行保养。

（5）严格遵守安全操作规程，严禁违章操作，操作人员在作业时不得擅自离开工作岗位。

二、混凝土（砂浆）搅拌机

搅拌机安装一定要平稳、牢固。用支架或支架筒架稳，不准以轮胎代替支撑。长期固定使用时，应埋置地脚螺栓。

开动搅拌机前应检查离合器、制动器、钢丝绳等是否良好，滚筒内不得有异物。

料斗提升时，严禁在料斗下工作或穿行。清理料斗坑时，必须先切断电源，锁好电箱，并将料斗双保险钩挂牢并插上保险插销。

运转时，严禁将头或手伸入料斗与机架之间，不得用工具或物件伸入搅拌筒内。

运转中严禁保养、维修。维修、保养搅拌机必须拉闸断电，锁好电箱，挂好"有人工作，严禁合闸"牌，并有专人监护。按照电气规定，设备外壳应做保护接零。露天使用的搅拌机应有防雨篷。

三、混凝土振捣器

混凝土振捣器作业环境潮湿，且经常移动，因此要特别防止触电事故。

使用时应注意以下事项：

（1）使用前，应检查各部分连接是否牢固，旋转方向是否正确。

（2）振捣器不能在初凝的混凝土、地板、脚手架、道路和干硬的地面上试振。在检修或作业间断时，应切断电源。

（3）操作时，振捣棒应自然垂直地沉入混凝土，不能用力硬插、斜推，或使钢筋夹住棒头，不能全部插入混凝土中。

（4）作业时，振动电动机应有足够长的导线和松度，严禁移动振捣器时拉电缆线。

（5）作业时，操作人员须穿胶鞋，戴绝缘手套。

（6）严禁使用振动棒在钢筋上振动。

（7）用绳拉振捣器时，拉绳应干燥绝缘，移动或转向时不得用脚踢电动机。

四、钢筋切断机

钢筋切断工作时的危险主要有：传动部位（传动带轮、开式齿轮）无防护罩，作业时伤害人的手指等身体部位或传动带断裂弹出伤人；手指等身体部位不慎进入刀口受到伤害；切断的钢筋崩出或摆动伤人以及触电等。

使用钢筋切断机应注意以下事项：

（1）起动后，先空运转，检查各部传动及轴承运转是否正常。

（2）机械未达到正常转速不得切料，切断时必须使用刀刃的中下部剪切。

（3）钢筋切断应在调直后进行，断料时要握紧钢筋，刀口垂直，并在活动刀片向后退时将钢筋送进刀口，防止钢筋摆动或崩出伤人。

（4）切断钢筋时，手和刀刃之间的距离应保持在 15 厘米以上，如手握端小于 40 厘米时，应用夹具或套管将钢筋端头压牢，不得用手直接送料。

（5）运转中严禁用手直接清除刀口上的断头或杂物。

（6）发现机械运转不正常，有异响或刀片歪斜等情况应停机检修。

五、钢筋弯曲机

应按被加工钢筋的直径和弯曲半径的要求，装好相应规格的心轴和成型轴、挡铁轴。挡铁轴的直径和强度不得小于被弯钢筋的直径和强度。

作业时，应将钢筋须弯曲一端插入转盘固定销的间隙内，另一端紧靠机身固定销，并用手压紧；应检查机身固定销并确认安放在挡住钢筋的一侧，方可开动。

作业中，严禁更换心轴、销子和变换角度以及调整，也不得进行清扫和加油。

对超过机械铭牌规定直径的钢筋严禁进行弯曲。不直的钢筋，不得在弯曲机上弯曲。

在弯曲钢筋的作业半径内和机身不设固定销的一侧严禁站人。

转盘换向时，应待弯曲机停稳后进行。

作业后，应及时清扫转盘及插入座孔内的铁锈、杂物等。

六、钢筋调直切断机

1. 常见的伤害事故

（1）刺割伤。一般是由于人们不小心接触到静止或运动的刀具或加工件的毛刺、锋利的棱角而造成的伤害。如钢筋调直切断机上锋利的刀片、加工零件或毛坯上的毛刺和锐角等，如果稍不注意，就会给操作者造成伤害。

（2）缠绕和绞伤。钢筋调直切断机的旋转部件是引发缠绕和绞伤的危险部位，如果人体或衣服的衣角、下摆或手套的一角不慎接触到高速旋转的部件极易被缠绕而引发绞伤。

（3）对眼睛的伤害。钢筋调直切断机操作工人的眼睛是经常受到伤害的部位。由于该机在调直、切断各种钢筋材料时会飞出金属切屑、切削刀具的碎片、加工材料的粉尘颗粒等，都可能对操作工人的眼睛造成伤害。

2. 注意事项

（1）应按被调直钢筋的直径，选用适当的调直块及传动速度。调直块的孔径应比钢筋直径大 2 ~ 5 毫米，传动速度应根据钢筋直径选用，直径大的宜用慢速，经调试合格，方可作业。

（2）在调直块未固定、防护罩未盖好时不得送料。作业中严禁打开各部防护罩并调整间隙。

（3）当钢筋送入后，手与轮应保持一定的距离，不得接近。

（4）送料前应将不直的钢筋端头切除。导向筒前应安装一根 1 米长的钢管，钢筋应穿过钢管再送入调直机前端的导孔内。

七、钢筋冷拉机

进行钢筋冷拉时，钢筋被拉断、夹具滑脱、卷扬机固定不牢等将对操作人员或他人造成伤害。因此，钢筋冷拉时应注意：

（1）卷扬机的位置必须使操作人员能见到全部冷拉场地，距离中线不小于 5 米。

（2）冷拉场地在两头地锚外要设置警戒线，并设栏杆防护和警示牌，严禁非作业人员在此停留，操作人员在作业时必须离开钢筋 2 米以外。

（3）冷拉应缓慢、均匀地进行，随时注意停车。见有人进入时应停拉，并稍稍放松钢丝绳。

（4）夜间工作照明设施应设在张拉区外，如需设在工作场地上空，其高度应超过 5 米。

八、圆盘锯

作业前应检查安全防护装置是否齐全有效。操作时应注意：

（1）锯片必须平整，锯齿尖锐，不得连续缺齿两个，锯齿高度不得超过 20 毫米。

（2）被锯木料厚度，以锯片能露出木料 10 ~ 20 毫米为限。

（3）起动后，须等转速正常后，方可进行锯料。

（4）送料时，不得将木料左右晃动或抬高，遇木节时要缓慢送料。锯料长度不小于 500 毫米。接近端头时，应用推棍送料。

（5）若锯线走偏，应逐渐纠正，不得猛扳。

（6）操作人员不应站在与锯片同一直线上操作，手臂不得跨越锯片工作。

九、蛙式打夯机

使用蛙式打夯机容易发生触电事故，所以作业时应注意：

（1）蛙式打夯机手把上应安装按钮开关，并包绝缘材料。操作时应戴绝缘手套和穿绝缘鞋。

（2）夯实作业时，应一人扶夯，一人传递电缆线，电缆线不得扭结或缠绕，且不得张拉过紧，应保持有 3～4 米的余量。移动时，应将电缆线移至夯机后方，不得隔机扔电缆线，当转向困难时，应停机调整。

（3）作业时，手握扶手保持机身平衡，不得用力向后压，并应随时调整行进方向。转弯时不得用力过猛，不得急转弯。

（4）夯实填高土方时，应在边缘以内 100～150 毫米夯实 2～3 遍后，再夯实边缘。

（5）在较大基坑作业时，不得在斜坡上夯行，应避免造成夯头后折。

（6）夯实房心土时，夯板应避开房心地下构筑物、钢筋混凝土基桩、机座及地下管道等。

（7）在建筑物内部作业时，夯板或偏心块不得打在墙壁上。

（8）多机作业时，其平行间距不得小于 5 米，前后间距不得小于 10 米。

（9）夯机前进方向和夯机四周 1 米范围内，不得站立非操作人员。

（10）作业时严禁夯击电源线。

十、潜水泵

潜水泵用于水下抽水，若设备安全状况不好，使用不当，容易发生触电事故。因此使用潜水泵应注意：

（1）潜水泵作业时要使用高灵敏度的漏电保护器（额定动作

电流应小于 15 毫安，额定动作时间应短于 0.1 秒）。

（2）潜水泵应放在坚固的筐内置于水中，或设坚固的护网。

（3）潜水泵要直立地放在水中，水深不得低于 0.5 米。

（4）潜水泵不能当作污水泵使用。

（5）泵放入水中或提出水面时要先断电，严禁提拉电缆或出水管。

（6）严禁抽水时人在同一片水中工作。下水前，一定要切断电源。

十一、砂轮机

砂轮机使用时要注意防止触电、砂轮伤人和碎物伤人事故，如砂轮崩裂碎片伤人、磨屑飞入眼内等，注意事项如下：

（1）砂轮机严禁安装倒顺开关，以免引起误操作。

（2）砂轮的旋转方向禁止对着主要通道。

（3）操作者应站在砂轮侧面。

（4）不准两人同时使用一个砂轮。

（5）砂轮不圆，有裂纹和损坏时不得使用。

（6）手提电动砂轮的电源线，不得有破损漏电，使用时要戴绝缘手套，先起动，后接触工件。

十二、交流电焊机

电焊机在建筑施工中应用十分广泛，它依靠电能来加热熔化金属而使两个或两个以上的金属零件达到牢固的连接，从而完成工作的需要。操作者在操作过程中接触电的机会多，如更换焊条、手持焊钳、调节电流、接触工件（尤其在管道、容器内作业）与焊接电缆等，若电气发生故障或违反操作规程都有可能造成触电事故。使用交流电焊机应注意如下事项：

（1）外壳必须有保护接零，应有二次空载降压保护器和触电保护器。

（2）电源应使用自动开关，接线板应无损坏，有防护罩。一次线长度不超过 5 米，二次线长度不得超过 30 米。

（3）焊接现场 10 米范围内，不得有易燃、易爆物品。

（4）雨天不得室外作业。在潮湿地点焊接时，要站在胶板或其他绝缘材料上。

（5）移动电焊机时，应切断电源，不得用拖拉电缆的方法移动。当焊接中突然停电时，应立即切断电源。

[事故案例]

2005年7月20日，某船舶修造厂船坞内，一艘由股份合作建造的钢质渔船正在修理。船的甲板上放着二台交流弧焊机，由同一把电源闸刀供电。两台焊机的电源接线桩均已损坏，电源线直接接进焊机内部线圈绕组的出线端；两台焊机的输出电缆线均多处破损，两条接地回线接在船舷的同一点。焊机及船体无其他接地或接零措施。在船尾部立着一根镀锌钢管和一根发锈的角钢，一端靠在船体上，另一端插进地面，用于支撑预备对船体进行除锈的踏板。焊接现场距变压器20米。焊工许某像往常一样利用其中一台焊机在甲板上对船体进行焊接作业，股东之一的李某在船尾预备除锈作业，当他的手握住靠在船尾的角钢时，立即触电，后退几步后，倒在甲板上，经现场抢救无效死亡。

十三、桩机

目前使用较多的是电动落锤打桩机、冲孔桩机、柴油打桩机、钻孔桩机和静压桩机等。

桩机操作应注意：

（1）凡进入施工现场，一律要戴安全帽，不准赤脚或穿拖鞋。

（2）打桩作业人员必须持证上岗，严禁酒后操作。

（3）桩机作业或桩机移位时，要有专人统一指挥。

（4）桩机机架上必须配有1211灭火器。

（5）空旷场地上施工的桩机要有防雷装置。

（6）施工场地要平整压实，在基坑和围堰内作业，要配备足够的排水设备。

（7）桩机行走的场地要填平夯实，大方木铺设要平稳，每条大方木不应短于4米。

（8）桩机周围5米以内严禁闲人进入，记录、监视人员应距桩锤中心 5 米以外。

（9）不准利用桩架斜吊钢筋笼、枕木或预制杆件。

（10）作业时，严禁用脚代手操作。

（11）不得坐在或靠在卷扬机或电气设备上休息，严禁跨越工作中的牵引钢丝绳，严禁用手抓住或清理滑轮上正在运动的钢丝绳，严禁用手或脚拨弄卷筒上正在运行的钢丝绳。

（12）在桩架顶等地方进行高空作业时，必须系好安全带或安全绳，桩机应停止运转，等高空作业人员下来后，方可重新开机。

（13）桩机在起吊桩锤、桩、钢筋笼等重物或桩架时，在重物下面和把杆的下风处严禁站人。

（14）禁止边打桩作业，边焊接修理桩架。

（15）吊料、吊桩、行走和回转等动作，严禁两个动作同时进行。

（16）作业人员不准擅自离开岗位。

（17）成孔后，必须将孔口加盖保护。

（18）吊钩必须选专用吊钩并有钢丝绳防脱保护装置。

（19）卷扬机卷筒应有防脱绳保护装置。

（20）不准使用断股、断丝的钢丝绳，卷筒排绳不得混乱，绳端固定必须符合要求，传动部分的钢丝绳不准接长使用。

［事故案例］

2002 年 2 月 27 日，在上海某基础公司总承包、某建设公司分承包的轨道交通某车站工程工地上，分承包单位进行桩基旋喷加固施工。上午 5 时 30 分左右，1 号桩机（井架式旋喷桩机）机操工王某，辅助工冯某、孙某三人在 C8 号旋喷桩桩基施工时，辅助工孙某发现桩机框架上部 6 米处油管接头漏油，在未停机的情况下，由地面爬至框架上部去排除油管漏油故障（桩机框架内径 650 毫米 ×350 毫米）。由于雨天湿滑，孙某爬上机架后不慎身体滑落框架内档，被正在提升的内压铁挤压受伤，事故发生后，地面施工人员立即爬上桩架将孙某救下，并送往医院急救，经抢救无效孙某于当日 7 时死亡。

辅助工孙某在未停机的状态下，擅自爬上机架排除油管漏油故障，因雨天湿滑，身体滑落井架式桩机框架内档，被正在提升的动力头压铁挤压致死。孙某违章操作，是造成本次事故的直接原因。

十四、防止机械伤害

防止机械伤害应遵循"一禁、二必须、三定、四不准"原则。

1．"一禁"

不懂电气和机械的人员严禁使用和摆弄机电设备。

2．"二必须"

（1）机电设备应完好，必须有可靠有效的安全防护装置。

（2）机电设备停电、停工休息时必须拉闸关机。

3．"三定"

（1）机电设备应做到定人操作，定人保养、检查。

（2）机电设备应做到定机管理、定期保养。

（3）机电设备应做到定岗位和岗位职责。

4．"四不准"

（1）机电设备不准带病运转。

（2）机电设备不准超负荷运转。

（3）机电设备不准在运行时维修保养。

（4）机电设备运行时，操作人员不准将身体任何部位伸入运转的机械行走和运行范围内。

第六节　其他常见工种安全作业常识

建筑施工需要多专业、多工种、多单位密切配合、共同创造，只有全面提高施工管理水平，保证工程建设质量，才能确保工程顺利完成。

一、混凝土浇筑作业

混凝土浇筑作业，较易发生高处坠落、触电、坍塌等。作业中应注意：

（1）浇筑混凝土要穿胶质绝缘鞋、戴绝缘手套，使用的混凝土振动器要在 3 米内设有专用开关箱，夜间施工要有足够照明。

（2）浇筑混凝土用串筒、溜槽，要连接牢固，操作平台周边设防护栏杆。

（3）拱形结构要两边对称浇筑，防偏压造成坍塌；浇筑料仓漏斗形结构，要先将下口封闭，防止高处坠落；浇筑离地面 2 米以上框架、过梁、雨篷、小平台要站在操作平台上作业，不得站在模板和支撑杆上作业。

（4）垂直运输采用井架时，手推车车把不得伸出笼外，车轮前后应挡牢，并要稳起稳落。

（5）泵送混凝土时，输送管道接头应紧密可靠，不漏浆，安全阀必须完好，管道支架要牢固。正式输送前先试送，检修前必须卸压。

二、油漆、防水作业安全常识

油漆、防水作业容易发生中毒窒息、火灾事故。作业中应注意：

（1）油漆材料和防水材料通常都具有毒性、刺激性或易燃易爆性，必须设专用库房存放，且不得与其他材料混放。易挥发性的油漆、防水材料必须存在密闭容器内，并设专人保管。库房应有良好通风，设置消防器材，并在醒目位置悬挂"严禁烟火"标志，且严禁住人，与其他建筑物保持安全距离。

（2）施工作业中，要尽可能保持良好通风，按规定戴防护口罩、防护眼镜或专门防护面罩；作业人员禁带火种，严禁明火与吸烟；每间隔 1~2 小时就应到室外空气新鲜的地方换气；如感到头痛、恶心、胸闷、心悸应停止作业，立即到室外换气。

（3）在密闭缺氧空间内作业（如罐体内油漆，建筑水箱防水等），要有专人监护，用风机不间断送新风，并每隔 1~2 小时到室外换气休息。

（4）夜间作业，照明设备应有防爆措施。

（5）在喷漆室或金属罐体内喷漆要设接地保护，防静电聚集。

三、钢筋作业安全常识

加工钢筋时，由于使用钢筋加工机械不当，容易发生机械伤害或物体打击事故。绑扎钢筋时，由于作业面搭设不符合要求或违章，容易发生高处坠落、物体打击事故。作业时应注意：

（1）钢材、半成品等应按规格、品种分别堆放整齐，制作场地要平整，工作台要稳固，照明灯具必须加网罩。

（2）拉直钢筋，卡头要卡牢，地锚要结实牢固，拉筋沿线 2 米区域内禁止行人。人工绞磨拉直，不准用胸、肚接触推杠，并缓慢松解，不得一次松开。

（3）展开盘圆钢筋要一头卡牢，防止回弹，切断时先用脚踩紧。

（4）人工断料，工具必须牢固。掌克子和打锤要站成斜角，注意挥锤区域内的人和物体。切断小于 30 厘米的短钢筋，应用钳子夹牢，禁止用手把扶，并在外侧设置防护箱笼罩。

（5）多人合运钢筋，起、落、转、停动作要一致，人工上下传送不得在同一垂直线上。钢筋堆放要分散、稳当，防止倾倒和塌落。

（6）在高空、深坑绑扎钢筋和安装骨架，须搭设脚手架和马道。

（7）绑扎立柱、墙体钢筋，不得站在钢筋骨架上和攀登骨架。柱筋在 4 米以内，重量不大，可在地面或楼面上绑扎。整体竖起柱筋在 4 米以上，应搭设工作台。柱梁骨架，应用临时支撑拉牢以防倾倒。

（8）绑扎基础钢筋时，应按施工设计规定摆放钢筋支架或凳架起上部钢筋，不得任意减少支架或凳。

（9）绑扎高层建筑的圈梁、挑檐、外墙、边柱钢筋，应搭设外脚手架或安全网。绑扎时挂好安全带。

（10）起吊钢筋，下方禁止站人，待钢筋降落到距地面 1 米以内方准靠近，就位支撑好后，方可摘钩。

四、瓦工、抹灰工作业安全常识

1. 瓦工作业安全常识

（1）上下脚手架应走斜道。不准站在砖墙上做砌筑、画线

（勒缝）、检查大角垂直和清扫墙面等工作。

（2）砌砖使用的工具应放在稳妥的地方。斩砖应面向墙面，工作完毕应将脚手架和砖墙上的碎砖、灰浆清扫干净，防止掉落伤人。

（3）山墙砌完后应立即安装桁条或加临时支撑，防止倒塌。

（4）起吊砌块的夹具要牢固，就位放稳后再松开夹具。

（5）在屋面坡度大于25°时，挂瓦必须使用移动板梯，板梯必须有固定的挂钩，没有外脚手架时檐口应该搭防护栏杆和防护立网。

（6）屋面上瓦应两坡同时进行，保持屋面受力均衡，瓦要放稳。屋面无檐板时，应铺设通道，不准在桁条、瓦条上行走。

2. 抹灰工作业安全常识

（1）室内抹灰使用的木凳、金属支架应搭设平稳牢固，脚手架跨度不得大于2米。架上堆放材料不得过于集中，在同一跨度内不得超过2人。

（2）不准在门窗、散热器、洗脸池等器物上搭设脚手板。阳台部位粉刷，外侧必须挂设安全网。严禁踩踏脚手架的护身栏杆或在阳台栏板上进行操作。

（3）机械喷灰喷涂应戴防护用品，压力表、安全阀应灵敏可靠，输浆管各部接口应拧紧卡牢。管路摆放顺直，避免折弯。

（4）输浆应严格按照规定压力进行，超压和管道堵塞，应卸压检修。

（5）贴面使用预制件、大理石、瓷砖等，应堆放整齐平稳，边用边运。安装要稳拿稳放，待灌浆凝固稳定后，方可拆除临时支撑。

（6）使用磨石机，应戴绝缘手套，穿胶靴，电源线不得破皮漏电，金刚砂块安装必须牢固，经试运转正常，方可操作。

第七节　预防中毒事故的常识

施工现场经常有各种管网拆除及人工挖孔桩等井下作业，这些作业环境时常会发生有毒气体，施工现场也经常使用一些化学添加剂、油漆等有毒有害物质。施工现场对这些有害的物质应加强管理，对有毒作业环境应及时处理；对这些有毒的物质和气体不能识别，不做处理，就会发生中毒造成死亡事故。

在施工现场发生中毒事故的主要是：

（1）人工扩孔桩挖掘孔井时，孔内常有一氧化碳、硫化氢毒气溢出，特别是在河床有腐质土等地层挖孔，更易散发出有毒气体，稍一疏忽即会造成作业人员中毒。在这种环境中作业应有防止中毒的措施，下井前要向井下通风，保持井下空气流通，并用毒气检测仪检查孔内的气体，待确认孔内不存在有毒气体后，才能下井。下井时，作业人员要系好能提升的安全腰绳，吊笼索具要安全可靠，井上井下要有联络信号，井上有人监护，一旦发生意外，应能立即将井下作业人员提升到地面进行急救，作业完毕井口不能覆盖，以保持孔内空气流通。

（2）在粉土场所、地下室、水池、化粪池等部位作业时，作业人员也要注意有害气体的伤害，这种作业环境也要保持通风良好。作业人员要戴口罩或防毒面具，作业时有头晕、呕吐、胸闷等感觉时，要立即离开作业场所。在室内喷漆刷油时，室内通风应良好。

（3）冬季施工时，在寒冷地区有的作业场所使用焦炭取暖、保温，焦炭燃烧时会发生对人体有害的一氧化碳气体，这种作业场所必须经常通风换气；操作者每隔一段时间就到室外休息一下，作业人员有头疼等异常感觉时，要离开作业场所，到空气流通的地方去休息，待不舒适的症状消失后，再继续作业，防止一氧化碳中毒。

（4）冬季施工中常在砼或砂浆里掺放添加剂，目前最常用的是亚硝酸钠，它是剧毒品，任何人食用1克3分钟就会死亡；但它的外形与食用盐、食用碱相似，工地的炊事人员不能识别，经常把它当盐加到汤、菜里食用，造成多人食物中毒，也发生过多人死亡事故。为防止误食化学添加剂，除施工现场加强对这类物品的管理外，在现场的职工食堂不准随便使用不能识别的物品做菜，炊事员要把厨房的盐、碱加以妥善保管，防止和添加剂混用发生中毒事故。

（5）职工宿舍需要取暖时，所在单位应提供取暖设备，并有专人看管；不能私自在宿舍内生煤火或用焦炭做燃料取暖，防止发生一氧化碳中毒事故。

[事故案例]

2002年6月10日上午，深圳市某花园二期B栋的一个构造坑进行墙面防水施工，由于事发前几天一直下雨，坑底部积水，赵某等两人负责抽水工作。负责防水作业的工人到场时水尚未完全抽干，防水工彭某等两人下到构造坑里面清理墙面，做涂装前准备工作。由于墙面潮湿，工人用煤气喷灯对墙面进行烘烤约20分钟。之后，彭某等人用小桶盛装氯丁胶粘剂，携进坑里面开始进行防水涂装工作，约10分钟，在坑槽里面的赵某、彭某等人晕倒，经医院抢救无效死亡。

事故的直接原因：涂装作业使用的氯丁胶粘剂中苯含量是标准要求的133.4倍，严重超标。涂装前用煤气喷灯烘烤墙面，造成构造坑内氧气不足。

事故的间接原因：管理制度不健全，涂装作业前无安全技术交底，工人未使用个人防护用具，没有严格执行作业安全规程，入坑前未做气体检测，无通风换气措施。

第九章　施工现场事故应急常识

　　现场急救，就是应用急救知识和最简单的急救技术进行现场初级救生，最大程度稳定伤病员的伤病情，减少并发症，维持伤病员的最基本生命体征，如呼吸、脉搏、血压等。现场急救是否及时和正确，关系到伤病员生命和伤害的结果。同时，正确的现场急救，并将伤病情和现场急救经过正确反映给接诊医生，能够保持急救的连续性，为下一步全面医疗救治做了必要的处理和准备。因此，施工从业人员具备一定的应急常识是非常重要的。

　　根据历年来伤亡事故统计分类，建筑施工中最主要、最常见、死亡人数最多的事故有五类，即高处坠落、触电、物体打击、机械伤害、坍塌事故。这五类事故占事故总数的86%左右，被人们称为建筑施工五大类伤亡事故。

第一节　事故的等级划分和报告

一、事故的等级划分

　　根据生产安全事故造成的人员伤亡或者直接经济损失，事故一般分为以下等级：

　　（1）特别重大事故，是指造成30人以上死亡，或者100人以上重伤，或者1亿元以上直接经济损失的事故。

　　（2）重大事故，是指造成10人以上30人以下死亡，或者50人以上100人以下重伤，或者5 000万元以上1亿元以下直接经济损失的事故。

　　（3）较大事故，是指造成3人以上10人以下死亡，或者10人以上50人以下重伤，或者1 000万元以上5 000万元以下直接经济损失的事故。

（4）一般事故，是指造成 3 人以下死亡，或者 10 人以下重伤，或者 1 000 万元以下 100 万元以上直接经济损失的事故。

二、事故报告

事故发生后，事故现场有关人员应当立即向施工单位负责人报告；施工单位负责人接到报告后，应当于 1 小时内向事故发生地县级以上人民政府建设主管部门和有关部门报告。情况紧急时，事故现场有关人员可以直接向事故发生地县级以上人民政府建设主管部门和有关部门报告。实行施工总承包的建设工程，由总承包单位负责上报事故。

事故报告内容是：

（1）事故发生的时间、地点和工程项目、有关单位名称。

（2）事故的简要经过。

（3）事故已经造成或者可能造成的伤亡人数（包括下落不明的人数）和初步估计的直接经济损失。

（4）事故的初步原因。

（5）事故发生后采取的措施及事故控制情况。

（6）事故报告单位或报告人员。

（7）其他应当报告的情况。

事故报告后出现新情况，以及事故发生之日起 30 日内伤亡人数发生变化的，应当及时补报。

第二节　事故应急救援基本常识

现场急救是在施工现场发生伤害事故时，伤员送往医院救治前，在现场实施的必要和及时的抢救措施，是医院治疗的前期准备。发生伤亡或意外伤害后 4~8 分钟是紧急抢救的关键时刻，失去这段宝贵时间，伤员或受害者的伤势会急剧变化，甚至发生死亡。所以要争分夺秒地进行抢救，冷静科学地进行紧急处理。

一、急救的主要工作

（1）事故发生后，确保实施救助人员和伤病员或其他人无任何危险，迅速将伤病员救离危险场所，同时报告现场负责人。

（2）初步检查伤病员，判断其神志、呼吸循环是否有问题，必要时立即进行现场急救和监护，使伤病员保持呼吸道畅通，视情况采取有效的止血、防止休克、包扎伤口、固定、保管好断离的器官和组织、预防感染、止痛等措施。

（3）呼救。立即请人拨打呼救电话"120"，呼叫救护车，施救人员可继续急救，一直坚持到救护人员或者其他施救者达到现场接替为止。此时还应介绍伤病员的伤病情和简单的救治过程。

（4）如果没有发现危及伤病员的体征，也要进行第二次检查，以免遗漏其他的损伤、骨折和病变。

二、急救的原则

1．机智、果断

发生重大、恶性或意外事故后，当时在现场或赶到现场的人员要立即进行紧急呼救，立即向有关部门拨打呼救电话，讲清事发地点、事故概况和紧急救援内容，同时要迅速了解事故或现场情况，机智、果断、迅速和因地制宜地采取有效应急措施和安全对策，防止事故、事态和当事人伤害的进一步扩大。

2．及时、稳妥

当事故或灾害现场十分危险或危急，伤亡或灾情可能会进一步扩大时，要及时稳妥地帮助伤（病）员或受害者脱离危险区域或危险源，在紧急救援或急救过程中，要防止发生二次事故或次生事故，并要采取措施确保急救人员自身和伤（病）员或受害者的安全。

3．正确、迅速

要正确迅速地检查伤（病）员、受害者的情况，如发现心跳呼吸停止，要立即进行心脏按摩、人工呼吸，一直要坚持到医生到来；如伤（病）员和受害者出现大出血，要立即进行止血；如发生骨折，要设法进行固定等。医生到后，简要介绍伤（病）员的情况、急救过程和采取的措施，并协助医生继续进行抢救。

4. 细致、全面

对伤（病）员或受害者的检查要细致、全面，特别是当伤（病）员或受害者暂时没有生命危险时，要再次进行检查，不能粗心大意，防止临阵慌乱、疏忽漏项。对头部伤害的人员，要注意跟踪观察和对症处理。

在给伤员急救处理之前，首先必须了解伤员受伤的部位和伤势，观察伤情的变化。需急救的伤员伤情往往比较严重，要对伤员重要的体征、症状、伤情进行了解，绝不能疏忽遗漏。通常在现场要做简单的体检。

5. 现场简单体检

心跳检查：正常人每分钟心跳为 60～80 次，严重创伤，失血过多的伤员，心跳增快，且力量较弱，脉搏细而快。

呼吸检查：正常人，每分钟呼吸数为 16～18 次，重危伤员，呼吸变快、变浅，不规则。当伤员临死前，呼吸变得缓慢，不规则，直至呼吸停止。通过观察伤员胸廓起伏可知有无呼吸。若呼吸极其微弱，不易看到胸廓明显的起伏，可以用一小片棉花或薄纸片、较轻的小树叶等放在伤员鼻孔旁边，看这些物体是否随呼吸飘动。

瞳孔检查：正常人两眼的瞳孔等大、等圆，遇光线能迅速收缩。受到严重伤害的伤员，两瞳孔大小不一，可能缩小或放大，用电筒光线刺激时，瞳孔不收缩或收缩迟钝。当其瞳孔逐步散大，固定不动，对光的反应消失时，伤员趋于死亡。

三、常备急救物品

（1）急救包、缝合包、气管切开包、各种常用小夹板或石膏绷带、担架、止血带、氧气袋等。

（2）20%甘露醇注射液、0.9%盐水注射液、低分子右旋糖酐注射液、血浆、多巴胺、西地兰等。

（3）酒精、碘酒、过氧化氢、龙胆紫、红汞等消毒用品。

（4）消炎药、治疗冠心病及降血压药、止咳平喘药、清热止痛药、解痉止痛药、镇静药、脱敏药、脱水药、抢救药和治疗配药的液体等常用药品。

（5）体温计、血压计、听诊器、冰袋、一次性注射器及输液装置等常用物品。

第三节　施工常见意外伤害与应急处置

一、建筑施工高处坠落意外伤害与应急处置

高空坠落事故在建筑施工中属于常见多发事故。由于从高处坠落，受到高速坠地的冲击力，使人体组织和器官遭到一定程度破坏而引起的损伤，通常有多个系统或多个器官的损伤，严重者当场死亡。高空坠落伤除有直接或间接受伤器官表现外，还有昏迷、呼吸窘迫、面色苍白和表情淡漠等症状，可导致胸、腹腔内脏组织器官发生广泛的损伤。高空坠落时如果是臀部先着地，外力沿脊柱传导到颅脑而致伤；如果由高处仰面跌下时，背或腰部受冲击，可引起腰椎前纵韧带撕裂，椎体裂开或椎弓根骨折，易引起脊髓损伤。脑干损伤时常有较重的意识障碍、光反射消失等症状，也可有严重合并症的出现。

当发生高处坠落事故后，抢救的重点应放在对休克、骨折和出血的处理上。

（1）颌面部伤员。首先应保持呼吸道畅通，摘除义齿，清除移位的组织碎片、血凝块、口腔分泌物等，同时松解伤员的颈、胸部纽扣。若舌已后坠或口腔内异物无法清除时，可用12号粗针头穿刺环甲膜，维持呼吸，尽可能早做气管切开。

（2）脊椎受伤者。创伤处用消毒的纱布或清洁布等覆盖伤口，用绷带或布条包扎。搬运时，将伤者平卧放在帆布担架或硬板上，以免受伤的脊椎移位、断裂造成截瘫，招致死亡。抢救脊椎受伤者，搬运过程严禁只抬伤者的两肩与两腿或单肩背运。

（3）手足骨折者。不要盲目搬动伤者。应在骨折部位用夹板把受伤位置临时固定，使断端不再移位或刺伤肌肉、神经或血管。固定方法：以固定骨折处上下关节为原则，可就地取材，用木板、竹

片等。

（4）复合伤者。要求平仰卧位，保持呼吸道畅通，解开衣领扣。

（5）周围血管伤。压迫伤部以上动脉干至骨骼。直接在伤口上放置厚敷料，绷带加压包扎以不出血和不影响肢体血液循环为宜。

此外，需要注意的是，在搬运和转送过程中，颈部和躯干不能前屈或扭转，而应使脊柱伸直，绝对禁止一个抬肩、一个抬腿的搬法，以免发生或加重截瘫。

二、施工人员触电意外伤害与应急处置

触电急救的基本原则是动作迅速、方法正确。当通过人体的电流较小时，仅产生麻感，对机体影响不大。当通过人体的电流增大，但小于摆脱电流时，虽可能受到强烈打击，但尚能自己摆脱电源，伤害可能不严重。当通过人体的电流进一步增大，至接近或达到致命电流时，触电者会出现神经麻痹、呼吸中断、心脏跳动停止等现象，外表上呈现昏迷不醒的状态。这时，不应该认为是死亡，而应该看作是假死，并且应迅速而持久地进行抢救。有给触电者做4小时或更长时间的人工呼吸而使触电者获救的事例。资料显示，从触电后1分钟开始救治，90%的触电者有良好效果；从触电后6分钟开始救治，10%的触电者有良好效果；而从触电后12分钟开始救治，触电者被救活的可能性很小。由此可见，动作迅速是非常重要的。

发生人员触电，主要运用以下急救方法：

（1）脱离电源。人触电后，可能由于痉挛或失去知觉等原因，抓紧带电体，不能自行摆脱电源。这时，使触电者尽快脱离电源是救活触电者的首要因素。但要注意救护人不可直接用手或其他金属及潮湿的物件作为救护工具，而必须使用适当的绝缘工具。救护人员最好用一只手操作以防触电。需防止触电者脱离电源后可能的摔伤，特别是当触电者在高处的情况下，应考虑防摔措施。即使触电者在平地，也要注意触电者倒下的方向，注意防摔。如事故发生在夜间，应迅速解决临时照明问题，以利于抢救，并避免扩大事故。

（2）现场急救方法。当触电者脱离电源后，应根据触电者的具体情况迅速对症救护。现场应用的主要救护方法是人工呼吸法和胸外心脏按压法。应当注意，急救要尽快进行，不能等候医生的到来，在送往医院的途中，也不能终止急救。

人工呼吸法主要适用于急救呼吸停止的触电者。实施人工呼吸前要使呼吸道畅通。首先要很快地解开触电者的衣领，清除口腔内妨碍呼吸的食物、血块、黏液等，并使触电者仰卧、头部尽量后仰，鼻孔朝天。这时救护人在伤员头部的一侧，用一只手捏紧鼻孔，另一只手撬开嘴巴，救护人员深吸气后，紧贴伤员，口对口向内吹气，时间约2秒，使其胸部膨胀。吹完气后，立即将口离开，并同时放松鼻孔让其自动呼气，时间为3秒。如触电者口撬不开，就用口对鼻呼吸法，捏紧嘴巴，紧贴鼻子向内吹气。如此反复进行，触电者如果是儿童，只能小口吹气。

胸外心脏按压法适用于急救心脏停止跳动的触电者。首先将触电者仰卧在比较坚实的地方，救护人员跪在触电者的一侧，或骑跪在腰部，两手相叠（儿童只需一只手）。手掌根部放在心窝稍高一点的地方，掌根向下按压（儿童轻一点），压下深度约为3～4.5厘米，将心窝内血液挤出。每分钟以60次为宜。按压后，掌根立即放松（但不要离开胸膛），让触电者自动复原，血液流回心脏。如此反复进行。

此外，要注意慎用肾上腺素等强心剂，只有经过心电图仪测定心脏确已停止跳动时，才可使用。否则将会使触电者的心室纤维性颤动更加恶化。

三、物体打击意外伤害与应急处置

建筑施工中，为了应对物体打击事故发生后的应急处置，应在事前制定应急预案，建立健全应急预案组织机构，做好人员分工，在事故发生的时候做好应急抢救，如现场包扎、止血等措施，防止伤者流血过多造成死亡。还需要注意的是，日常应备有应急物资，如简易担架、跌打损伤药品、纱布等。

发生物体打击事故后，在应急处置中要注意：

（1）一旦有事故发生，首先要高声呼喊，通知现场安全员，马上拨打急救电话，并向上级领导及有关部门汇报。

（2）当发生物体打击事故后，尽可能不要移动伤者，尽量当场施救。抢救的重点放在颅脑损伤、胸部骨折和出血上进行处理。

（3）发生物体打击事故后，应马上组织抢救伤者，首先观察伤者的受伤情况、部位、伤害性质，如伤员发生休克，应先处理休克。遇呼吸、心跳停止者，应立即进行人工呼吸，胸外心脏按压。处于休克状态的伤员要让其安静、保暖、平卧、少动，并将下肢抬高约20度，尽快送医院进行抢救治疗。

（4）如果出现颅脑损伤，必须维持呼吸道通畅，昏迷者应平卧，面部转向一侧，以防舌根下坠或分泌物、呕吐物吸入，发生喉阻塞。有骨折者，应初步固定后再搬运。遇有凹陷骨折、严重的颅底骨折及严重的脑损伤症状出现，创伤处用消毒的纱布或清洁布等覆盖伤口，用绷带或布条包扎后，及时就近送有条件的医院治疗。

（5）重伤人员应马上送往医院救治，一般伤员在等待救护车的过程中，门卫要在大门口迎接救护车，有秩序地处理事故，最大限度地减少人员和财产损失。

（6）如果处在不宜施救的场所时必须将伤者搬运到能够安全施救的地方，搬运时应尽量多找一些人来搬运，观察伤者呼吸和脸色的变化，如果是脊柱骨折，不要弯曲、扭动伤者的颈部和身体，不要接触伤者的伤口，要使伤者身体放松，尽量将伤者放到担架或平板上进行搬运。

四、施工坍塌意外伤害与应急处置

建筑施工中发生坍塌事故后，人们一时难以从倒塌的惊吓中恢复过来，被埋压的人众多、现场混乱失去控制、火灾和二次倒塌危险处处存在，容易给现场的抢险救援工作带来极大的困难。同时，由于事故的发生，可能造成建筑内部燃气、供电等设施毁坏，导致火灾的发生，尤其是化工装置等构筑物倒塌事故，极易形成连锁反应，引发有毒气（液）体泄漏和爆炸燃烧事故的发生。并且建筑物整体坍塌的现场，废墟堆内建筑构件纵横交错，将遇难人员深深地埋压在废墟里面，给人员救助和现场清理带来极大的困难；建筑物局部坍塌的现场，虽然遇难人员数量较少，但由于楼内通道的破损和建筑结构的松垮，对灭火救援工作的顺利进行也造成一定的困难。

建筑施工发生坍塌事故之后，在应急处置上需要注意：

（1）倒塌发生后，应及时了解和掌握现场的整体情况，并向上级领导报告。同时，根据现场实际情况，拟定倒塌救援实施方案，实施现场的统一指挥和管理。

（2）设立警戒，疏散人员。倒塌发生后，应及时划定警戒区域，设置警戒线，封锁事故路段的交通，隔离围观群众，严禁无关车辆及人员进入事故现场。

（3）派遣搜救小组进行搜救，对如下几个重要问题进行询问和侦查：

1）倒塌部位和范围，可能涉及的受害人数。

2）可能受害人或现场失踪人所处位置。

3）受害人存活的可能性。

4）展开现场施救需要的人力和物力方面的帮助。

5）倒塌现场的火情状况。

6）现场二次倒塌的危险性。

7）现场可能存在的爆炸危险性。

8）现场施救过程中其他方面潜在的危险性。

（4）切断气、电和自来水水源，并控制火灾或爆炸。建筑物倒塌现场到处可能缠绕着带电的拉断的电线电缆，随时威胁着被埋压人员和即将施救的人员；断裂的燃气管道泄漏的气体既能形成爆炸性气体混合物，又能增强现场火灾的火势；从断裂的供水管道流出的水能很快将地下室或现场低洼的坍塌空间淹没。因此，要及时责令当地的供电、供气、供水部门的检修人员立即赶赴现场，通过关断现场附近的局部总阀或开关消除危险。

（5）现场清障。开辟进出通道，迅速清理进入现场的通道，在现场附近开辟救援人员和车辆集聚空地，确保现场拥有一个急救场所和一条供救援车辆进出的通道。

（6）搜寻倒塌废墟内部空隙存活者。在倒塌废墟表面受害人被救后，就应该立即实施对倒塌废墟内部受害人的搜寻，因为有火灾的倒塌现场，烟火同样会很快蔓延到各个生存空间。搜寻人员最好要携带一支水枪，以便及时驱烟和灭火。

（7）清除局部倒塌物，实施局部挖掘救人。现场废墟上的倒塌物清除可能触动那些承重的不稳构件引起现场的二次倒塌，使被压埋人再次受伤，因此清理局部倒塌物之前，要制定初步的方案，行动要极其细致谨慎，要尽可能地选派有经验或受过专门训练的人员承担此项工作。

（8）倒塌废墟的全面清理。在确定倒塌现场再无被埋压的生存者后，才允许进行倒塌废墟的全面清理工作。

五、建筑施工人员中暑意外伤害与应急处置

建筑施工主要是在室外作业，在夏季高温的情况下，特别容易发生中暑现象。中暑是高温影响下的体温调节功能紊乱，常因烈日暴晒或在高温环境下重体力劳动所致。

1. 人员中暑的主要原因

正常人体温恒定在 37 摄氏度左右，是通过下丘脑体温调节中枢的作用，使产热与散热取得平衡，当周围环境温度超过皮肤温度时，散热主要靠出汗，以及皮肤和肺泡表面的蒸发。人体的散热还可通过循环血流，将深部组织的热量带至体表组织，通过扩张的皮肤血管散热，因此经过皮肤血管的血流越多，散热就越多。如果产热大于散热或散热受阻，体内有过量热蓄积，即产生高热中暑。

2. 人员中暑的分类

（1）先兆中暑。先兆中暑为中暑中最轻的一种。表现为在高温条件下劳动或停留一定时间后，出现头昏、头痛、大量出汗、口渴、乏力、注意力不集中等症状，此时的体温可正常或稍高。这类病人经积极处理后，病情很快会好转，一般不会造成严重后果。处理方法也比较简单，通常是将病人立即带离高热环境，来到阴凉、通风条件良好的地方，解开衣服，口服清凉饮料及 0.3% 的冰盐水或十滴水、人丹等防暑药，经短时间休息和处理后，症状即可消失。

（2）轻度中暑。轻度中暑往往因先兆中暑未得到及时救治发展而来，除有先兆中暑的症状外，还可同时出现体温升高（通常＞38摄氏度），面色潮红，皮肤灼热；比较严重的可出现呼吸急促，皮肤湿冷，恶心，呕吐，脉搏细弱而快，血压下降等呼吸、循环早衰症状。处理时除按先兆中暑的方法外，应尽量饮水或静脉滴注5％葡萄糖盐水，也可用针刺人中、合谷、涌泉、曲池等穴位。如体温较高，可采用物理方法降温；对于出现呼吸、循环衰竭倾向的中暑病人，应送医院救治。

（3）重症中暑。重症中暑是中暑中最严重的一种，多见于年老、体弱者，往往以突然谵妄或昏迷起病，出汗停止可为其前驱症状。患者昏迷，体温常在40摄氏度以上，皮肤干燥、灼热，呼吸快、脉搏大于140次/分钟。这类病人治疗效果很大程度上取决于抢救是否及时。因此，一旦发生中暑，应尽快将病人体温降至正常或接近正常。降温的方法有物理和药物两种。物理降温简便安全，通常是在病人颈项、头顶、头枕部、腋下及腹股沟加置冰袋，或用凉水加少许酒精擦拭，一般持续半小时左右，同时可用电风扇向病人吹风以增加降温效果。药物降温效果比物理方式好，常用药为氯丙嗪，但应在医护人员的指导下使用。由于重症中暑病人病情发展很快，且可出现休克、呼吸衰竭，时间长可危及病人生命，所以应争分夺秒地抢救，最好尽快送条件好的医院施治。

3. 人员中暑的应急处置措施

（1）搬移。迅速将患者抬到通风、阴凉、干爽的地方，使其平卧并解开衣扣，松开或脱去衣服，如衣服被汗水湿透应更换衣服。

（2）降温。患者头部可捂上冷毛巾，可用50％酒精、白酒、冰水或冷水进行全身擦拭，然后用电扇吹风，加速散热，有条件的也可用降温毯给予降温，但不要快速降低患者体温，当体温降至38摄氏度以下时，要停止一切冷敷等强降温措施。

（3）补水。患者仍有意识时，可给一些清凉饮料，在补充水分时，可加入少量盐或小苏打。但千万不可急于补充大量水分，否则，会引起呕吐、腹痛、恶心等症状。

（4）促醒。病人若已失去知觉，可指掐人中、合谷等穴，使其苏醒。若呼吸停止，应立即实施人工呼吸。

（5）转送。对于重症中暑病人，必须立即送医院诊治。搬运病人时，应用担架运送，不可使患者步行，同时运送途中要注意，尽可能地用冰袋敷于病人额头、枕后、胸口、肘窝及大腿根部，积极进行物理降温，以保护大脑、心肺等重要脏器。

附录1 建筑施工企业工人三级安全教育考试试题

姓名_____ 项目名称_____ 工种_____ 分数_____

一、填空题（每空2分，共40分）

1. "三不违"是指_____指挥、不违章作业、不违反劳动纪律。

2. 安全生产管理应坚持"_____、_____、_____"的方针。

3. "三不伤害"是指_____他人、不伤害自己、不被别人伤害。

4. 从事脚手架搭设人员应戴_____、系_____、穿_____。

5. 高处作业指的是凡在坠落高度基准_____以上（含_____）有可能坠落的高处进行的作业。

6. 施工现场临时用电采用三级配电箱是指_____配电箱、_____配电箱、_____配电箱。

7. 建筑施工现场"四口"是指_____、_____、_____和_____。

8. 发生火灾应打_____电话报警。

9. 电气着火应用二氧化碳灭火机、1211灭火机、干粉灭火机等扑灭火，不能用_____。

10. 安全生产教育培训考核不合格的_____上岗。

二、判断题（下列说法正确的在题目后面括号中打√，错误的打×，每小题2分，共30分）

1. 新工人上岗前必须签订劳动合同，必须经过上岗前的三级安全教育；重新上岗、转岗应再次接受安全教育。（ ）

2. 进入施工现场必须正确佩戴安全帽，高处作业人员在无可

靠安全防护设施时必须系好安全带。　　　　　　　（　　）

3. 井下施工下孔前先向孔内送风，并检测确认无误才下井作业。有人发生中毒时，井上人员绝对不要盲目下去救助，必须先向下送风，救助人员必须采取个人保护措施并派人报告工地负责人。

　　　　　　　　　　　　　　　　　　　　　　（　　）

4. 发现有人触电后，应用力将人拉开，使触电人与接触电器部位分离，然后实施人工急救，并向负责人报告。　（　　）

5. 起重吊装作业应在作业区周边设置警戒，并设置明确标志，无关人员不得进入。　　　　　　　　　　　　　　（　　）

6. 可以采用大面积撬落的方法拆除模板，无关人员可进入拆模现场。　　　　　　　　　　　　　　　　　　　　（　　）

7. 特种作业人员必须佩戴相应的劳动保护用品。　（　　）

8. 《安全生产法》规定：从业人员有权对本单位安全生产工作中存在的问题提出批评、检举、控告；有权拒绝违章指挥和强令冒险作业。　　　　　　　　　　　　　　　　　　　（　　）

9. 可以攀爬龙门架、外用电梯、塔吊塔身或穿越龙门架、井字架。　　　　　　　　　　　　　　　　　　　　　　（　　）

10. 可以使用物料提升机载人上、下。　　　　（　　）

11. 下层作业人员可以在防护栏杆、平台等的下方休息。

　　　　　　　　　　　　　　　　　　　　　　（　　）

12. 绑扎立柱、墙体钢筋，可以站在钢筋骨架上操作和攀登上下。　　　　　　　　　　　　　　　　　　　　　　（　　）

13. 人工挖孔桩和深基坑开挖，只要认为安全的情况下，人可以随吊篮上下。　　　　　　　　　　　　　　　　　（　　）

14. 塔吊吊钩出现裂纹时，经加强焊接后可以使用。（　　）

15. 高处作业时，使用的工具用手拿牢，暂时不用的工具放稳，拆下的材料往下扔时，必须有人监护。　　　　　　（　　）

三、选择题（每题的备选项中，只有1个最符合题意，请将正确选项的代号填入括号中。每小题3分，共30分）

1. 支模、粉刷、砌墙等各工种进行上下立体交叉作业时，不得在（　　）方向上操作。

A. 不同垂直　　　　　　　B. 同一横面

C. 垂直半径外　　　　　　D. 同一垂直

2. 下列不属于"三宝"的有（　　）。

A. 安全牌　　　　　　　　B. 安全帽

C. 安全网　　　　　　　　D. 安全带

3. 以下对施工现场安全标志解释不正确的是（　　）。

A.

小心滑倒

B.

必须穿保护鞋

C.

必须穿劳保服

D.

戴防护镜

4. 警告标志的几何图形为（　　）。

A. 圆形白底黑色图案加带斜杆红色圆环

B. 三角形黄底黑色图案加三角形黑边

C. 圆形蓝底白线条的图案

D. 长方形绿底白线条图案

5. 以下哪些不属于中暑后的正确处理方法。（　　）

A. 迅速将中暑者移到凉爽通风的地方

B. 解松衣服，使患者平卧休息

C. 人工呼吸

D. 给患者喝含食盐的饮料或凉开水，用凉水或酒精擦身

6. 正确使用安全带，要求不准将安全带打结使用，要把安全带挂在牢靠处和应（　　）。

　A. 高挂低用　　　　　　　B. 低挂高用

　C. 挂在与腰部同高处　　　D. 只要挂上就可以

7. 从事电焊、气焊作业的工人，必须（　　）。

　A. 戴护目镜或面罩

　B. 穿绝缘鞋，戴护目镜或面罩

　C. 戴电焊专用手套穿绝缘鞋和戴护目镜或面罩

　D. 戴电焊专用手套穿绝缘鞋

8. 施工现场电气发生火灾时，应先切断电源，再（　　）进行灭火，防止触电事故。

　A. 使用干粉灭火器

　B. 使用泡沫灭火器

　C. 使用任何灭火器到可以

　D. 直接用水

9. 使用机械设备，作业完毕操作人员离开时，必须（　　）。

　A. 对机械设备进行检查　　B. 拉闸断电

　C. 注意防雨措施　　　　　D. 对机械设备进行清洗

10. 进入建筑施工现场的人员必须戴（　　）。

　A. 手套　　　　　　　　　B. 安全帽

　C. 口罩　　　　　　　　　D. 安全带

附录2　建筑施工企业工人三级安全教育考试试题参考答案

一、填空题

1. 不违章　2. 安全第一、预防为主、综合治理　3. 不伤害

4. 安全帽、安全带、防滑鞋　5. 2米、2米　6. 总、分、开关

7. 楼梯口、电梯口、预留洞口、通道口　8. 119　9. 水　10. 不得

二、判断题

1. √	2. √	3. √	4. ×	5. √
6. ×	7. √	8. √	9. ×	10. ×
11. ×	12. ×	13. ×	14. ×	15. ×

三、选择题

1. D	2. A	3. A	4. B	5. C
6. A	7. C	8. A	9. B	10. B

参 考 文 献

[1] 刘松涛. 建筑施工企业农民工安全生产常识 [M]. 北京：中国劳动社会保障出版社，2014.

[2] 姬海君. 建筑施工安全知识 [M]. 北京：机械工业出版社，2005.

[3] 焦辉修. 建筑施工安全教育读本 [M]. 北京：中国建筑工业出版社，2011.

[4] 黄代高. 建筑电工 [M]. 北京：中国劳动社会保障出版社，2011.

[5] 深圳市施工安全监督站. 建筑工人安全常识读本 [M]. 北京：中国建筑工业出版社，2011.

[6] 施炯. 建筑施工安全知识安全知识问答 [M]. 杭州：浙江工商大学出版社，2012.

[7] 白雅君，郭树林. 施工现场防火安全知识读本 [M]. 北京：中国建筑工业出版社，2012.